国家自然科学基金项目资助
河南省科技攻关项目资助

双转子双鼠笼永磁感应电机理论与设计

蒋思远　许孝卓　著

中国矿业大学出版社

·徐州·

内 容 提 要

本书在分析永磁感应电机（PMIM）国内外研究现状、设计理论的基础上，分析了双转子双鼠笼永磁感应电机（DDPMIM）的运行机理；采用解析法与有限元法设计了其基本电磁参数，采用田口法和响应曲面法优化了 DDPMIM 的关键结构参数，并分析了其运行特性；研究了 DDPMIM 的永磁体退磁机理，分析了其启动过程对永磁体退磁的影响，研究了非正常工况和不同带载方式对 DDPMIM 运行状态和永磁体退磁的影响；建立了 DDPMIM 三维全域温度场模型，研究了不同工况及永磁体退磁对 DDPMIM 温度场的影响；进行了 DDPMIM、PMIM、普通感应电机与自启动永磁同步电机（LSPMSM）的特性对比分析。最后总结了本书的研究成果，并展望下一步值得探索的研究方向。

本书适于电气工程领域的教师、研究生、本科高年级学生和研究人员及工程技术人员阅读参考。

图书在版编目（CIP）数据

双转子双鼠笼永磁感应电机理论与设计 / 蒋思远，
许孝卓著. — 徐州：中国矿业大学出版社，2024.11.
ISBN 978 - 7 - 5646 - 6521 - 0

Ⅰ. TM3

中国国家版本馆 CIP 数据核字第 2024E1U599 号

书　　名	双转子双鼠笼永磁感应电机理论与设计
著　　者	蒋思远　许孝卓
责任编辑	仓小金
出版发行	中国矿业大学出版社有限责任公司
	（江苏省徐州市解放南路　邮编 221008）
营销热线	（0516）83885370　83884103
出版服务	（0516）83995789　83884920
网　　址	http://www.cumtp.com　**E-mail**：cumtpvip@cumtp.com
印　　刷	徐州中矿大印发科技有限公司
开　　本	787 mm×1092 mm　1/16　**印张** 8.25　**字数** 211 千字
版次印次	2024 年 11 月第 1 版　2024 年 11 月第 1 次印刷
定　　价	46.00 元

（图书出现印装质量问题，本社负责调换）

前　言

在"双碳"目标的战略背景下,推动清洁能源的发展及降低能耗是实现其目标的重要途径。电机作为实现能量转化或信号传递的电磁机械装置,是电力行业中不可或缺的重要设备。目前,传统的三相感应电机作为电力拖动中最常用的电动机,较高的使用率使其消耗了电动机总消耗电能的80%以上。但传统三相感应电机存在机械特性差、调速性能差以及效率相对较低等缺点,因此,高效电动机的设计开发与推广应用对于节能减排至关重要。

在国外,由于稀土永磁材料货源受限导致价格高、价格波动大,针对高效电机的开发主要围绕感应电机进行,主要通过采取提高材料性能、增加材料用量(降低电磁负荷)和提高加工工艺水平来提高电机能效。我国作为稀土大国,稀土资源丰富,稀土永磁产量居世界首位,故永磁电机以其较高的功率因数和效率成为了研发的重点,其代表为异步启动永磁同步电机(Line-start Permanent Magnet Synchronous Motor,LSPMSM),LSPMSM 技术较为成熟。另一种新型感应电机——永磁感应电机(Permanent Magnet Induction Motor,PMIM),是传统鼠笼电机和永磁电机的结合,拥有良好的启动性能、高效率、高功率因数等诸多优点,特有的双转子结构使其可以实现更为灵活的能量传输,可在双馈风力发电系统及混合动力驱动方面得到应用。

本书提出了双转子双鼠笼永磁感应电机(DDPMIM)的概念,该电机有笼型转子和永磁转子。双鼠笼转子结构有效利用了转子轭部的磁通,改善了电机的启动性能;永磁转子参与励磁,减小了励磁电流和无功功率的需求。与传统三相感应电机相比,DDPMIM 具有更高的效率和功率因数,高效节能。

本书分析了双转子双鼠笼永磁感应电机(DDPMIM)的运行机理,采用解析法与有限元法设计了其基本电磁参数;引入 Taguchi 法与响应曲面法优化了 DDPMIM 的关键结构参数;研究了 DDPMIM 永磁体退磁机理,探究了其不同工况及永磁体退磁对 DDPMIM 温度场的影响;对比分析了 DDPMIM、PMIM、普通感应电机与 LSPMSM 的特性。研究结果为双转子双鼠笼永磁感应电机提供了理论基础。本书共 9 章,第 1 章主要阐述了本书的研究背景与意义,总结了国内外对永磁感应电机的研究现状及不同电机永磁体退磁现象的研究现状。第 2 章主要完成双转子双鼠笼永磁感应电机运行机理分析、机械结构设计、电磁设计、确定电机的初步电磁参数。第 3 章在研究不同结构参数对电机性能影响的基础上,先利用 Taguchi 法筛选对电机稳态性能影响较大的结构参数,用响应曲面法建立可以适当描述电机稳态运行性能参数与影响因素关系的数学模型,并通过求解数学模型完成对关键结构参数的优化。之后采用有限元方法进行仿真分析,验证了优化结果的正确性与有效性。第 4 章阐述了永磁体退磁机理并总结了永磁体退磁研究方法,系统地研究了启动过程中运行参数和永磁转子初始位置对永磁体退磁的影响。基于时步有限元法研究了双鼠笼绕组的屏蔽作用,确定了电机在极端工作条件下的退磁区域,同时对比分析了永磁体发生局部不可逆退磁前后 DDPMIM 的稳态性能。第 5 章基于对电机稳态特性参数及永磁体稳定性变化的有限元分析,获得了非正常运行工况对电机运行状态和永磁体退磁的影响,揭示了 DDPMIM 机械负荷、重合闸时刻以及反转状态下的电压交换时刻等运行控制参数与永磁体退磁程度之间的关系。第 6 章通过有限元分析,得到了不同负载分配比例及负载系数对 DDPMIM 稳态运行特性的影响以及启动过程中永磁体退磁状况的影响。第 7 章建立了 DDPMIM 的电磁场模型和三维温度场模型,深入分析了额定状态下电机温度的变化趋势。研究了在不同负载转矩下,电机各部件的温度分布,并考虑了环境温度对电机温度场的影响。同时研究了鼠笼/永磁转子不同带载方式以及永磁体不可逆退磁发生后 DDPMIM 整体温度变化情况。为预防 DDPMIM 因过热引起的定子绕组绝缘故障或永磁体退磁故障提供了参考依据。第 8 章仿真分析了优化后的 DDPMIM、单鼠笼永磁感应电机、自启动永磁同步电机及普通异步电机在不同负载下的启动特性和运行特性,阐明了它们各自的优缺点,为确定其适用范围提供了参考依据。第 9 章首先总结本书的研究成果,并展望下一步值得探索的研究方向。

　　本书共 9 章,由许孝卓教授负责策划和统筹定稿,由蒋思远老师负责书稿内容 1～9 章的撰写。本书及相关研究工作得到了国家自然科学基金项目(52177039,52307050),河南省科技攻关项目(NO.242102241048)的资助。

　　本书的撰写工作得到了河南理工大学电气工程与自动化学院的领导大力支持。同时,得到直线电机研究所上官璇峰教授、高彩霞教授、封海潮副教授、艾立旺老师、肖磊老师和高蒙真老师等诸位同事进行了细心指导和帮助;信阳学院周敬乐老师给予了大力协助;王继永、牛俊恒、苗森、王雪、宋伟康等研究生做了许多资料收集和校对工作;同时,上官璇峰教授认真细致地审读全部书稿,提出了许多宝贵意见;在此向他们表示衷心感谢!

　　本书在写作过程中参考了大量的文献资料,所引用的文献在书后的参考文献中已尽量列出,但是难免有所遗漏,特别是一些被反复引用很难查实原始出处的参考文献,在此向被遗漏参考文献的作者表示歉意,并向本书所引用的参考文献的作者表示诚挚的谢意!

　　由于作者水平所限,书中不妥之处,敬请读者批评指正。

著　者

2024 年 6 月于河南理工大学

目　　录

1 绪 论

1.1 永磁感应电机研究背景

在碳达峰、碳中和的"双碳"战略背景下,推动清洁能源的发展及降低能耗是实现该目标的重要途径。据国际电工委员会(IEC)统计,电动机作为重要的动力设备,工业用电动机消耗全世界发电量的 $30\% \sim 40\%$ [1],因此高效电动机的设计开发与推广应用对于节能减排至关重要。在"十四五"期间,电机产业升级和促进电机能效提升成为了电机产业的重点工作。为全面推进电机行业高效发展,工业和信息化部、质检总局组织编制了《电机能效提升计划(2021—2023 年)》[2],旨在促进电机能效提升,达到更高的能效水平和技术水平。同时,为了鼓励电机产业创新和绿色低碳发展,工信部与其他四个部门还联合印发了《加快电力装备绿色低碳创新发展行动计划》[3],鼓励发展高功率密度永磁电机、同步磁阻电机、智能电机、超高效异步电机等电机产品,促进电机产业的技术升级和能效提升。

随着科技的进步,电动机在各个行业的使用越来越频繁,所消耗的电能占总发电量比重越来越高,提高电动机能效对于节能减排具有重要意义。目前,传统的三相感应电机作为电力拖动中最常用的电动机,较高的使用率使其消耗了电动机总消耗电能的 80% 以上[4],但传统感应电机的效率和功率因数却相对较低。

在国外,由于稀土永磁材料货源受限导致价格高、价格波动大,针对高效电机的开发主要围绕感应电机进行,主要通过提高材料性能、增加材料用量(降低电磁负荷)和提高加工工艺水平来提高电机能效[5-6]。我国作为稀土大国,稀土资源丰富,稀土永磁产量居世界首位,故永磁电机以其较高的功率因数和效率成为了研发的重点。而一种新型感应电机——永磁感应电机(Permanent Magnet Induction Motor,PMIM),是传统鼠笼电机和永磁电机的结合,拥有良好的启动性能、高效率、高功率因数等诸多优点,特有的双转子结构使其可以实现更为灵活的能量传输,拥有较好的应用前景,引起了国内外学者的兴趣。

本书提出了双转子双鼠笼永磁感应电机的概念,该电机有笼型转子和永磁转子。永磁转子参与励磁,减小励磁电流和无功功率的需求。双鼠笼转子结构有效地利用转子轭部的磁通,改善了电机的启动性能。与传统三相感应电机相比,DDPMIM 具有更高的效率和功率因数,高效节能。

1.2　国内外研究进展

1.2.1　PMIM 国内外研究发展状况

J. F. H. Douglas 和 J. K. Sedivy 先后在 1959 年、1967 年提出了永磁材料励磁感应电机的设想,并进行了理论分析,但由于当时永磁材料性能和经济条件等原因,被认为不可能实现,并未进行深入的探究[7-8]。随着永磁材料性能的提升以及经济水平的快速提高,相关研究者开始对永磁感应电机进行了深入研究。1992 年,由 Manchester 大学的 W. F. Low 和 N. Schofield 设计出利用稀土永磁材料励磁的永磁感应发电机,取得了很好的电机性能[9]。文献[10-11] 提出了采用内部永磁体助磁的双转子结构的永磁感应电动机,定子采用了传统三相感应电动机的定子结构,永磁转子上的永磁体采用了表贴式结构,从而制作出具有永磁体励磁的双转子结构的永磁感应电动机。试验结果表明该电机与传统三相感应电机相比,具有更高的功率因数和效率,高效节能,非常适用于需要电机长时间工作的场合,如风扇类,压缩机和泵类等[12]。

永磁同步电机虽然具有较明显的功率密度方面优势,但对其控制依赖于同步转子位置,且调速范围不高。而 PMIM 的控制与永磁体转子位置无关,控制方法与传统感应电机相似,且调速范围较高。因此该种新型电机既有永磁同步电机高功率密度、高功率因数的特点,又有传统感应电机控制上的优势[13]。但由于在电机内引入了助磁作用的永磁转子,电机结构更为复杂,对加工工艺的要求较高[14]。

永磁感应电机已经受到一些学者的研究关注,并取得了许多重要的成果。2002 年,浙江工业大学冯浩在感应电机的基础上,最先提出一种高效节能的双转子感应电动机,并对该电机进行理论分析,研制了样机,通过实验测得的相关数据得出该双转子感应电机能够明显改善感应电机的效率和功率因数的结论[15]。

2004 年,E. Tröester 和 B. Hagenkort 等学者对 PMIM 电机进行了研究,基于有限元方法进行瞬态计算,研究了将大直径直驱式双转子永磁感应电机用于风力发电的可行性及优劣势[16]。文献[17]提出了一种永磁感应发电机,其转子位于鼠笼转子内,内置的 PM 转子可以相对于轴自由旋转,其结构如图 1-1 所示,并研究了内置永磁转子对等效电路参数的影响,阐明了功率密度增加的原因。

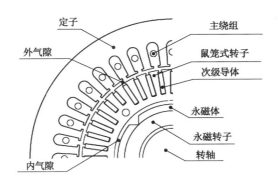

图 1-1　永磁感应发电机的横截面

2007 年,国内一些学者也对 PMIM 进行了优化设计,文献[18]讨论了 PMIM 设计中电磁场的分析问题,采用 ANSYS 软件建立 PMIM 二维有限元模型,通过对电机有限元仿真分析得到电磁场的分布情况,相比于传统感应电机,PMIM 的气隙磁感应强度明显提高。文献[14]在理论分析的基础上制作了样机,并通过样机实验发现单鼠笼永磁感应电机自启动较为困难。

2010 年,我国学者采用限元法建立了双转子三相异步电机的多组模型并进行了分析,比较了不同永磁体磁化高度下的气隙磁场强度和磁场的分布情况,确定了最为合适的永磁体磁化高度,从而完成对电机结构参数的优化设计[19]。之后又在文献[20]中详细介绍了 PMIM 的研制过程,以及在研制过程中对实际应用中存在的问题的解决,并分别对 PMIM 和普通感应电机进行了对比实验,结果表明,永磁感应电动机具有更高的工作效率和功率因数,尤其在轻载情况下功率因数较高。

2012 年,法国亚眠大学的 A. M. Gazdac、A. Mpanda-Mabwe 和意大利拉奎拉大学的 L. D. Leonardo 等学者合作,探讨了永磁感应电机可能的拓扑结构(如图 1-2 所示),利用三维有限元方法分析了电机各部分的温度分布,改进了电机的设计算法。随后,他们又建立了永磁感应电机的等效电路模型并提出了控制策略[21-24]。

2013 年,我国学者王秀和、刁统山对永磁感应电机的结构和原理进行了介绍,研究了该电机的动态启动性能,并在分析该电机的结构和工作原理的基础上,提出了适用于

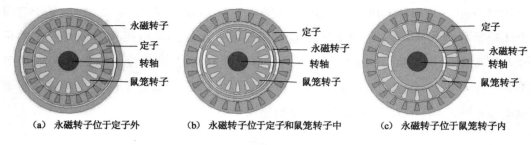

(a) 永磁转子位于定子外　　　(b) 永磁转子位于定子和鼠笼转子中　　　(c) 永磁转子位于鼠笼转子内

图 1-2　永磁感应电机的几种不同结构

该电机的直接功率控制策略,在不影响有功功率输出的前提下,实现无功功率控制到接近零。通过仿真分析(仿真模型图如图 1-3),验证了直接功率控制策略的正确性和有效性[13]。并在 PMIM 的基础上,提出了新型永磁双馈发电机,研究了永磁双馈风力发电机的并网控制策略[25]。

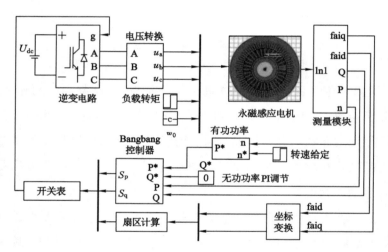

图 1-3　仿真模型图

国内学者程明、孙西凯对应用于风力发电系统的永磁感应发电机的特性和优化设计方法进行了研究,阐述了其工作原理和动力学模型,分析了电网短路故障下电机的过载能力和退磁状况,并制作了样机,通过实验验证了设计和分析的正确性[26]。2016 年,印度理工学院的 Praveen Kumar 利用有限元软件对双转子混合式永磁感应电机进行了磁场分析,并利用 Ansys Maxwell 软件对该电机的各种可能的拓扑结构进行了讨论和分析,并与传统的鼠笼感应电机进行了比较[27]。文献[28-30]针对感应电机功效低的问题,对一种新型的双转子双鼠笼永磁感应电机进行了研究,并与自启动永磁同步电机以及单鼠笼永磁感应电机的性能进行了对比分析,之后借助田口法和响应曲面法,对该电机进行多目标优化设计。

文献[31]提出了一种低成本的永磁再制造（PMR）方法,设计了一个名为 Y2-132M1-6 的感应电机用于再制造,通过有限元分析比较了 PMR 前后电机的性能,结果表明,PMR 将原异步电机的额定点效率从 82% 提高到 89.8%,功率因数从 0.775 提高到 0.875,充分利用了感应电机（IM）的原有结构。研究了 PMR 设计中可能影响电机启动性能和额定性能的因素,确定了 PMR 设计方案,将 Y2-132M1-6 异步电动机重新制造为实验样机,计算了 PMR 的总成本,验证了 PMR 的有效性。

文献[32]提出了一种双转子永磁游标感应风力发电机,由游标机和鼠笼式感应电机组成。该发电机包括定子和两个同心转子,即永磁体外转子和鼠笼式内转子,结构见图 1-4。通过二维有限元分析研究了其稳态和瞬态性能,搭建了实验样机进行测试验证,结果表明该永磁发电机具有高效率和直接并网的优势,可以直接与双涡轮系统相连。

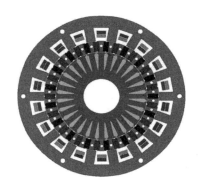

图 1-4　永磁游标感应发电机的二维示意图

文献[33]研究了一种用于飞轮储能系统的带机械磁通调制器的永磁单极感应电机（PMHIM-MFM）,阐述了 PMHIM-MFM 的工作原理和磁通调制机制,通过提出简化等效分析模型,研究了机械磁通调制器的磁通削弱能力和磁拉力。此外,还探讨了电机的电枢反应特性和负载性能,并制造了样机进行测试,验证了理论分析和有限元计算的准确性。结果表明,PMHIM-MFM 设计可以有效调节气隙磁场密度,在空载状态下可削弱 73.5% 的气隙磁场密度和抑制 93.7% 的定子损耗;所提出的简化模型对分析磁力和磁场削弱能力具有较好的适用性。同时,揭示了 PM 宽度对电枢反应的影响以及齿槽转矩对转矩脉动的主要原因。

文献[34]对比分析了用于电动汽车的先进非重叠绕组感应电机（AIM）、传统感应电机（CIM）和内置永磁体（IPM）电机的转矩特性和电磁性能,其结构如图 1-5 所示。通过二维有限元方法和 MATLAB 计算了稳态和弱磁性能特性,发现 AIM 电机在弱磁特性方面表现较差,比 IPM 电机略微减小了转矩。还研究了三种电机在不同负载下的扭矩特性,发现转矩特性最好的为 AIM。此外,通过分析影响扭矩生成能力的主要参数,发现通过增加 AIM 电机的叠长度,可以显著提高输出功率和效率,而不超过 IPM 电机或 CIM 电机的总轴向长度。

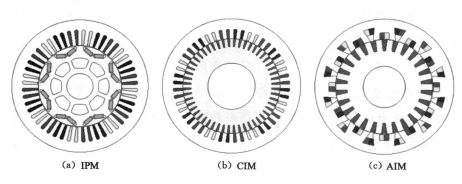

(a) IPM   (b) CIM   (c) AIM

图 1-5   三种电机的二维结构

1.2.2 电机永磁体退磁研究现状

相较于传统电励磁电机,永磁电机具有高效率、高功率因数以及宽的经济运行范围等优点,但因为永磁材料的使用造成其存在成本较高、可靠性较低以及加工工艺复杂等缺点。永磁体作为永磁电机磁源和磁路的重要组成部分,其磁稳定性改变将影响到电机性能,如引起转矩波动和噪声等问题[35-36]。若永磁体出现不可逆退磁将使电机性能变差,如产生的转矩减小、效率和功率因数降低,甚至引起电机崩溃。

现有文献中,主要从温度和电流磁场两个角度去分析永磁体退磁。文献[37]探究了电机内温升效应、负载系数与永磁体退磁之间的相互关系。文献[38]针对永磁体工作点出现在回复线拐点下方时的情况,考虑了温度对永磁材料不可逆退磁的影响,提出了一种有效的搜索算法,以便正确识别新的工作点,并在整个瞬态求解过程中更新回复线。文献[39]重点研究了兆瓦级高速永磁同步电机在过载情况下,不同温度对永磁体退磁的影响。文献[40]综合考虑了磁路的非线性、温度对永磁体磁稳定性的影响以及材料的电特性和热特性,建立起了电磁热耦合模型,研究了 LSPMSM 启动过程中永磁体退磁的现象。文献[41-42]通过研究降低永磁体涡流损耗,进而防止永磁体发生不可逆退磁,文献[41]着重分析了涡流损耗发热对永磁体退磁的影响,同时,制作样机验证了永磁体结构改进可降低涡流损耗。文献[42]侧重于提出一种永磁体不均匀分段技术,以抑制永磁体局部温度最高处位置,进而降低了永磁体因局部温度过高而发生局部不可逆退磁的风险。

华北电力大学卢伟甫等人在文献[43-45]中,对 V 型转子结构 LSPMSM 启动过程中永磁体退磁问题进行了研究。文献[43]分别建立起鼠笼异步电机效应磁场、永磁体磁场和变频发电机效应磁场单独作用时的磁场模型,并得出了鼠笼异步电机效应与变频发电机效应共同作用导致重载启动时永磁体内多次出现较强退磁磁场,并在接近同步速时退磁磁场最强;空载启动时,在 0.5 倍同步速出现较强一次退磁磁场。文献[44]采用二维时步有限元法分析了负载系数、转动惯量系数、转子初始位置以及电源电压幅值等因素对 LSPMSM 永磁体退磁的影响,并通过了实验验证计算结果的可信性。文献[45]着重分析了 LSPMSM 启动过程中电枢反应引起的永磁体退磁,当电枢磁场与永磁磁场方向相反时,永磁体的工作点磁密较低,发生退磁风险较大。

山东大学唐旭、王秀和等学者在文献[46-47]中对 W 型结构 LSPMSM 永磁体退磁问题进行了研究。文献[46]侧重于 LSPMSM 启动过程中永磁体平均工作点的解析计算,并结合了 LSPMSM 的动态数学模型和磁路模型,建立了 LSPMSM 启动过程中磁体平均工作点变化的分析模型,通过与有限元结果的比较,验证了解析模型的正确性。文献[47]主要研究了该 LSPMSM 启动过程中永磁体的退磁特点,并分析了定转子基波磁动势对永磁体工作点的影响,总结了永磁体最大退磁点出现的规律。

相关学者还研究了运行在非正常情况下的永磁电机永磁体退磁状况。日本金泽工业大学的 Tatsuya Hosoi 和 Hiroya Watanabe 利用有限元法对三相突然短路引起的永磁助磁凸极同步电机永磁体退磁进行了分析,探讨了四极和八极永磁助磁凸极同步电机空载运行下三相突然短路造成的永磁体退磁,结果表明了八极永磁助磁凸极同步电机永磁体更容易产生不可逆退磁,还研究了永磁体形状和阻尼棒对永磁体退磁的影响[48-49]。文献[50-51]研究了 LSPMSM 在失步、三相短路、断相和重合闸非正常工况下的永磁体退磁特点,文献[50]主要是对三种故障工况下的永磁体退磁特点分析,文献[51]侧重于讨论几种工况中对永磁体造成不可逆退磁最严重的工况。唐旭、王秀和等人在文献[52-53]中对非正常工况下 LSPMSM 永磁体退磁问题进行了深入的研究,文献[52]主要研究了 LSPMSM 在突然反转运行状态下永磁体的退磁机理,分析了反转时间和初始负载条件对永磁体退磁的影响。文献[53]分析了三相供电电压不对称时的 LSPMSM 永磁体退磁特点,并采用复数电压不平衡因数反映三相供电电压的不对称程度,得出了电机稳定运行时,永磁体最小工作点曲线的波动随着复数电压不平衡因数幅值的增大而增大的结论。文献[54]探究了 LSPMSM 因载荷的突然变化而引起的失步和超同步非正常工况下的永磁体退磁特点。

提高永磁电机永磁体抗退磁能力一直是永磁电机设计阶段重要的环节,也是急需解决的难点问题。现有文献中,主要是从静态预防和动态监测两个方向探究提高永磁电机抗退磁能力的技术方法[55]。

静态预防在电机设计阶段进行,主要是以优化磁路结构和改进温控措施为主,目的是提高永磁体的抗退磁能力[56]。文献[57]通过优化转子磁路结构,提高了永磁体的抗退磁能力。文献[58]通过理论分析和实验研究表明了在定子槽内增加内冷却孔可以降低转子温度,进而防止永磁体因温度过高而退磁的一种简单有效的方法。文献[59]采用磁等效电路和有限元法对三种容量相同、转子结构不同(单层式、V型式和双层式,如图1-6所示)的永磁同步电机永磁体退磁特性进行了分析。文献[60]综合考虑永磁体性能的衰减而提出了有限元迭代法,并探究了四种转子磁路结构对提高永磁体抗退磁能力的影响,结果表明双鼠笼绕组加磁屏障的结构可以更好地防止永磁体退磁,且不会降低电机的正常运行性能。文献[56]通过在普通转子导条两侧增加导磁导电的复合材料铜铁合金,提高了LSPMSM永磁体的抗退磁能力。

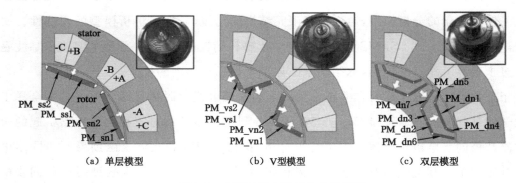

图 1-6   永磁同步电机三种分析模型

在文献[61]中,对永磁电机在额定电流下的钕磁体和铁氧体磁体的温度进行了计算,研究了短路情况以及两种不同冷却系统在最小化温度下对电机性能方面的影响,还研究了永磁体在各种负载条件下的退磁现象。最后,通过样机验证了电机仿真软件建模的结果。

为了掌握电机运转过程中永磁体的动态退磁特性,国内外相关学者致力于永磁电机的在线监测系统研究。文献[62]为了实现对永磁同步电机永磁体的在线监测,提出了一种永磁磁链自适应观测器的设计方法,并通过样机实验结果证明了该设计方法的有效性。文献[63]研究了低成本霍尔效应传感器用于永磁同步电机温度估计的可行性,并通过实验结果验证了其可行性。

1.2.3　电机温度场研究

电机的通风散热问题一直以来都是电机研究者的重点关注方向。早期因为计算机技术限制,相关学者主要是采用的是简化公式法[64]和等效热路法[65]对电机温升进行研究,但这两种分析方法只能计算出电机各部件的平均温度,未能真实反映出电机内部的温度分布。与以上两分析方法相较而言,等效热网络法[66]可以真实详细反映出电机的温度分布,但其求解过程较为繁复。随着计算机技术的快速发展,有限元法在电机温度场分析中得到广泛应用[67]。

文献[68]根据傅立叶导热定律和牛顿放热定律,以散热系数和构件温度之间的非线性关系为前提,提出了反推迭代法以确定端部散热系数,通过三维有限元法对电机进行了温度场计算,并将计算结果与测温元件实测值进行对比,验证了反推迭代法的正确性。文献[69]利用磁-热耦合法对一种表面-内置式永磁转子同步电机温度场进行了研究,并通过实验和仿真结果对比验证了其正确性,模拟了永磁体不可逆退磁状况下的温度场,但针对的是永磁体退磁状况一致(即永磁体各部均匀退磁)情况下的研究。文献[70]采用有限元法和实验法相结合的方法研究了基于 PCB 绕组的盘式永磁同步电机的三维温度场及其冷却方式。

文献[71]采用有限元法研究了一种永磁-感应子式混合励磁发电机的温度场,分别就励磁电流、发电机不同转速及不同负载类型对发电机温度场的影响进行了详细分析。文献[72]建立感应电机瞬态温度场 3D 有限元模型,并通过分析计算气隙等效导热系数,很好地解决了电机定、转子之间的热交换问题。文献[73]采用有限元法和实验法相结合的方法来建立一种偶极发电机的温度场模型,首先对电机在不同转速和负载下的运行状况进行了相关实验,利用热成像仪测量电机表面的温度数据,用变量组模型参数迭代模拟有限元模型,直到有限元模型求得的电机表面温度数据与热成像仪测量结果相匹配,计算得出了发电机在不同运行状态下的热参数表,并验证了上述方法的正确性。

文献[74]利用有限元法,对一台小型感应电机进行了三维瞬态磁-热-固单相耦合计算。将电磁场中计算的各部件的损耗作为载荷,耦合到 3D 温度场模型中作为热源,对电机在额定负载下的瞬态温度进行了仿真分析,求得电机各部件的瞬态温度;又以转子的瞬态温度场结果为载荷,对转子鼠笼热应力分布情况进行了分析计算,分析鼠笼导条的受力情况进而寻找鼠笼易断裂的位置,为研究该类电机断条故障原因及导条断裂过程分析提供参考,图 1-7 显示了笼型感应电机磁-热-固耦合仿真的过程。文献[75]探究了笼型感应电机流体流动对温度场分布的影响,并将流体场耦合计算得到的温度场分布和传统温度场计算结果分别与实验测量值进行对比分析,证明了中小型感应电机三维流体场与温度场存在着强烈的耦合关系,基于流体流动的温度场计算结果较传统方法得到的温度分布更具准确性与合理性。

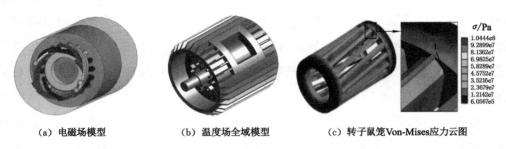

| （a）电磁场模型 | （b）温度场全域模型 | （c）转子鼠笼Von-Mises应力云图 |

图 1-7   笼型感应电机磁热固耦合过程

在现有文献中,对于电机温度场的研究有很多,但针对高效节能的永磁感应电机还是相对少的。在近年来已有的研究成果中,除了 A. M. Gazdac 团队对 PMIM 由于铜耗和铁耗引起的热效应进行了研究外,很难找到其他相关文献。在文献[23]中 A. M. Gazdac 等学者通过计算电机各区域强迫对流换热系数,进行了三维有限元计算,对所设计 PMIM 的温度场进行研究并预测温度分布,仿真结果验证了热设计的正确性和冷却方式的可行性,各部件的温度分布如图 1-8 所示。文献[76]采用磁-热耦合法对双转子永磁感应电机三维温度场进行了研究,为了保证研究的正确性与有效性,对比分析了该电机与 Y160M-4(两电机具有相同的定子结构和散热措施且绝缘等级相同)在额定负载下稳定运行的温度场分布情况。

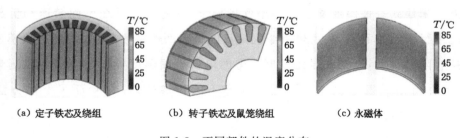

| （a）定子铁芯及绕组 | （b）转子铁芯及鼠笼绕组 | （c）永磁体 |

图 1-8   不同部件的温度分布

1.3   本书研究内容及任务

本书提出了一种双转子双鼠笼永磁感应电机,首先建立了 DDPMIM 的等效电路与

dq0 坐标系下的电机数学模型,从理论角度分析了 DDPMIM 的优势。结合感应电机与同步电机的设计方法,完成了对 DDPMIM 的初步设计。随后,开展 DDPMIM 的设计优化,通过有限元方法验证了设计和优化方法的正确性,分析了其运行特性。

其次,本书介绍了 DDPMIM 永磁体退磁机理,总结了永磁体退磁的研究方法与技术手段。主要分析了启动过程对永磁体退磁的影响;采用时步有限元模拟仿真的方法分析了双鼠笼转子导条的屏蔽作用;研究了非正常工况与不同带载方式对 DDPMIM 运行状态和永磁体退磁的影响。还建立了 DDPMIM 三维全域温度场模型,研究了其不同工况及永磁体退磁对 DDPMIM 温度场的影响,进行了 DDPMIM、PMIM、普通感应电机与 LSPMSM 的特性对比分析。最后,总结了本书的研究成果,并展望了下一步值得探索的研究方向。

2 DDPMIM 机理分析与电磁设计

2.1 DDPMIM 结构与工作原理

2.1.1 DDPMIM 结构

DDPMIM 总体结构如图 2-1 所示,电机截面图如图 2-2 所示。DDPMIM 主要由定子、双鼠笼转子和永磁转子三个部分组成。其中,定子由铁芯和三相对称绕组组成,双鼠笼转子由铁芯、内鼠笼绕组和外鼠笼绕组组成,永磁转子由铁芯和面贴式永磁极组成。有内、外两个气隙。

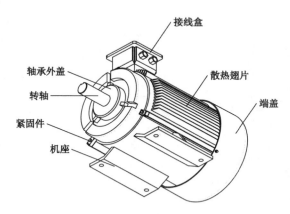

图 2-1 电机总体结构

2.1.2 DDPMIM 工作原理

DDPMIM 采用定子绕组电流和内转子永磁极共同励磁。

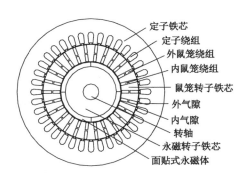

定子铁芯
定子绕组
外鼠笼绕组
内鼠笼绕组
鼠笼转子铁芯
外气隙
内气隙
转轴
永磁转子铁芯
面贴式永磁体

图 2-2 电机截面图

永磁极所产生磁场的主磁通分为两部分：

(1) 经内外气隙同时与内鼠笼、外鼠笼和定子绕组相交链；

(2) 经内气隙与双鼠笼间磁桥，仅与内鼠笼绕组相交链。

定子电流所产生磁场的主磁通也分两部分：

(1) 经内外气隙同时与内鼠笼、外鼠笼相交链；

(2) 经外气隙与双鼠笼间磁桥，仅与外鼠笼绕组相交链。

定子电流所产生磁场与永磁转子永磁场之间作用，产生电磁转矩，使得永磁转子同步旋转，这两者形成合成励磁磁场。合成励磁磁场与鼠笼转子之间有相对运动，在内外鼠笼绕组中感应出交流电势，进而产生交流电流。内外鼠笼绕组中电流也产生同步旋转的磁场和合成励磁磁场共同产生气隙磁场，这两种磁场之间作用产生异步转矩，使鼠笼转子运转。

永磁感应电机由于内气隙（即笼型转子和永磁转子之间的气隙）的存在，增大了励磁回路的磁阻，从而导致自启动比普通异步电动机困难[20]。与传统的双转子单鼠笼永磁感应电机相比，本书采用了双鼠笼的结构，双鼠笼间的磁桥作为磁路，对改善电机的启动和运行性能，发挥一定的作用。

DDPMIM 定子绕组产生的感应电势为：

$$E_1 = 4.44 f_1 N_1 k_w (\Phi_1 + \Phi_m) \tag{2-1}$$

式中 Φ_1——定子电流和鼠笼转子电流共同作用的磁场在定子绕组中产生的磁通；

  Φ_m——永磁体励磁磁场产生的磁通；

  f_1——定子所加交流电频率；

  N_1——定子绕组每相串联匝数；

k_w——基波绕组系数。

在普通感应电机中,只存在定子电流和鼠笼转子电流共同作用的磁场在定子绕组中产生的磁通 Φ_1,而 DDPMIM 增加了内转子永磁体励磁作用产生的磁通 Φ_m。由式 (2-1)可知,若需要产生与传统感应电机相同大小的感应电动势 E_1,永磁体励磁磁场产生的磁通 Φ_m 越大,则所需定子绕组励磁磁通 Φ_1 就越小,即绕组励磁电流就越小。故电机的功率因数提高,将有利于提高电机的效率。

2.2 DDPMIM 的等效电路与数学模型

2.2.1 等效电路的建立

电机正常运行时,永磁转子同步旋转,相当于同步电动机,永磁转子的磁场与定子绕组相交链,在定子绕组中感应出感应电势,相当于同步电机的励磁电势 $\dot{E}_0$,并参考传统感应电机等效电路的建立过程,可得到 DDPMIM 的等效电路如图 2-3 所示,其中 R'_a,R'_b 分别为上、下笼导条折算到定子侧的电阻;X'_a,X'_b 分别为上、下笼导条折算到定子侧的电抗;X'_{ab} 为上、下笼之间的互感电抗。

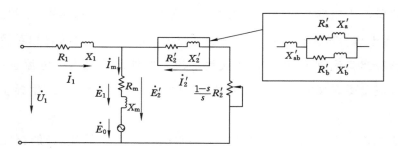

图 2-3 DDPMIM 等效电路

根据其等效电路图,可以得到 DDPMIM 的基本方程式为:

$$\begin{cases} \dot{U}_1 = -\dot{E}_1 - \dot{E}_0 + \dot{I}_1(R_1 + jX_1) \\ -\dot{E}_1 = \dot{I}_m(R_m + jX_m) \\ \dot{E}_1 + \dot{E}_0 = \dot{E}'_2 \\ \dot{E}'_2 = \dot{I}'_2(R'_2/s + jX'_2) \\ \dot{I}_m = \dot{I}_1 + \dot{I}'_2 \end{cases} \qquad (2\text{-}2)$$

得到励磁电流为：

$$\dot{I}_{\mathrm{m}} = \frac{\dot{U}_1 - \dot{I}_1(R_1 + \mathrm{j}X_1) + \dot{E}_0}{R_{\mathrm{m}} + \mathrm{j}X_{\mathrm{m}}}$$

(2-3)

而普通异步电机的励磁电流为：

$$\dot{I}_{\mathrm{m}} = \frac{\dot{U}_1 - \dot{I}_1(R_1 + \mathrm{j}X_1)}{R_{\mathrm{m}} + \mathrm{j}X_{\mathrm{m}}}$$

(2-4)

DDPMIM 的矢量图如图 2-4(a)所示，而普通感应电机的矢量图如图 2-4(b)所示。

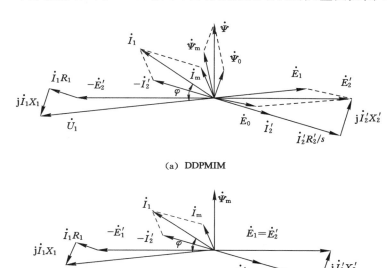

(a) DDPMIM

(b) 普通感应电机

图 2-4　矢量图

从式(2-3)和式(2-4)及其矢量图可以看出，由于永磁内转子磁场的存在，将在定子绕组中产生感应电动势 $\dot{E}_0$，永磁极承担一部分的励磁作用，因此 DDPMIM 所需的定子励磁电流就比普通感应电机小，进而提高了电机功率因数。

2.2.2　数学模型

永磁电机数学模型的建立一般采用 $dq0$ 坐标系统，这是因为 abc 坐标系中电压方程是带有周期性变系数的微分方程，该方程求解困难。DDPMIM 由于引入了助磁作用的同步永磁转子，其建模过程跟永磁同步电机相似[13,77]。由 2.2 节的分析可知，DDPMIM 的气隙合成磁场可分为 3 部分，即定子绕组产生的磁场、鼠笼转子导条产生的磁场和永磁转子永磁体产生的磁场，其中，定子绕组产生的磁场以同步速 ω_0 旋转，永磁转子以同步速旋转，故永磁体产生的磁场也以同步速 ω_0 旋转，鼠笼转子以角速度 ω_r 旋转。DDPMIM 的磁链矢量如图 2-5 所示，其中 θ 为永磁转子磁链与定子磁链夹角，φ 为鼠笼转子磁链与定子磁链夹角。

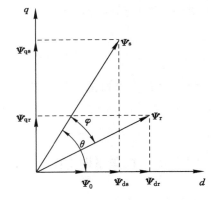

图 2-5　DDPMIM 磁链矢量图

　　由于永磁转子以同步速 ω_0 旋转，即 $dq0$ 系转速为 ω_0，定子 A 相轴线与 d 轴的夹角 α 可表示为：

$$\alpha = \alpha_0 + \omega_0 t \tag{2-5}$$

式中　α_0——定子 A 相轴线初始角度。

　　因鼠笼转子以异步速 ω_r 旋转，$dq0$ 系转速为 ω_0，鼠笼转子 A 相轴线与 d 轴夹角 β 可表示为：

$$\beta = \beta_0 + (\omega_0 - \omega_r)t \tag{2-6}$$

式中　β_0——鼠笼转子 A 相轴线初始角度，为建模简便且不失一般性，α_0、β_0 取 0 值。

　　DDPMIM 的内转子为永磁转子，作用为助磁，相当于在定子与鼠笼转子间的气隙中增加了以同步速 ω_0 旋转的磁链，故在建立数学模型时，永磁转子产生的磁场可等效为一个恒定的，在定子与鼠笼转子间的气隙和鼠笼转子与永磁转子间的气隙均起作用的永磁磁链 Ψ_{f0}。

　　电压方程如下：

$$\begin{cases} u_{1d} = R_1 i_{1d} + \dfrac{\mathrm{d}\Psi_{1d}}{\mathrm{d}t} - \omega_0 \Psi_{1q} \\[2mm] u_{1q} = R_1 i_{1q} + \dfrac{\mathrm{d}\Psi_{1q}}{\mathrm{d}t} + \omega_0 \Psi_{1d} \\[2mm] u_{2d} = 0 = R_{2d} i_{2d} + \dfrac{\mathrm{d}\Psi_{2d}}{\mathrm{d}t} - (\omega_0 - \omega_r)\Psi_{1q} \\[2mm] u_{2q} = 0 = R_{2q} i_{2q} + \dfrac{\mathrm{d}\Psi_{2q}}{\mathrm{d}t} + (\omega_0 - \omega_r)\Psi_{1d} \end{cases} \tag{2-7}$$

　　磁链方程如下：

$$\begin{cases} \Psi_{1d} = L_{1d}i_{1d} + L_{ad}i_{2d} + \Psi_0 \\ \Psi_{1q} = L_{1q}i_{1q} + L_{aq}i_{2q} \\ \Psi_{2d} = L_{2d}i_{2d} + L_{ad}i_{1d} + \Psi_0 \\ \Psi_{2q} = L_{2q}i_{2q} + L_{aq}i_{1q} \end{cases} \tag{2-8}$$

式中 　 ω_0——电机永磁转子电角速度；

　　　　ω_r——电机鼠笼转子电角速度；

　　　　R_1——定子绕组相电阻；

　　　　R_{2d}、R_{2q}——鼠笼转子鼠笼绕组直、交轴电阻；

　　　　L_{1d}、L_{1q}——定子直、交轴同步电感；

　　　　L_{2d}、L_{2q}——鼠笼转子鼠笼绕组直、交轴自感；

　　　　L_{ad}、L_{aq}——定转子之间直、交轴互感；

　　　　Ψ_{1d}、Ψ_{1q}——定子直、交轴绕组的磁链；

　　　　Ψ_{2d}、Ψ_{2q}——转子直、交轴绕组的磁链；

　　　　Ψ_0——永磁体产生的磁链。

由磁链方程可知,DDPMIM 增加了永磁转子永磁体励磁作用产生的磁通 Ψ_0,则电机运行时所需定子励磁电流产生的励磁磁通就会减小,即励磁电流减小,所以,电机的功率因数提高,进而提高电机效率。

DDPMIM 的转矩分为鼠笼转子转矩与永磁转子转矩。鼠笼转子转矩与永磁转子转矩之和为电机的电磁转矩。电机电磁转矩 T_{em}、鼠笼转子转矩 T_{or} 和永磁转子转矩 T_{ir} 表达式为:

$$\begin{cases} T_{em} = \dfrac{3}{2}p(\Psi_{1d}i_{1q} - \Psi_{1q}i_{1d}) \\ T_{or} = J_{or}\dfrac{\mathrm{d}\Omega_{or}}{\mathrm{d}t} + T_L = \dfrac{3}{2}p(\Psi_{2d}i_{2q} - \Psi_{2q}i_{2d}) \\ T_{ir} = J_{ir}\dfrac{\mathrm{d}\Omega_{lr}}{\mathrm{d}t} + T_0 = \dfrac{3}{2}p(\Psi_{1d}i_{1q} - \Psi_{1q}i_{1d}) - \dfrac{3}{2}p(\Psi_{2d}i_{2q} - \Psi_{2q}i_{2d}) \end{cases} \tag{2-9}$$

式中 　 Ω_{or}——鼠笼转子机械角速度；

　　　　Ω_{ir}——永磁转子机械角速度；

　　　　T_L——负载转矩；

　　　　J_{or}——鼠笼转子和所带负载的总转动惯量；

　　　　J_{ir}——永磁转子的转动惯量。

由电机的转矩方程并结合其磁链方程可以看出,DDPMIM 的电磁转矩由于其定子

直轴绕组磁链 Ψ_{1d} 增加了永磁体产生的磁链 Ψ_0，其电磁转矩 T_{em} 将会明显增大。鼠笼转子直接与负载相连，用来平衡外加的负载转矩，由电机的转矩方程并结合其磁链方程可以看出，鼠笼转子转矩 T_{or} 也会增大，这也就意味着电机的负载能力将会明显增强。永磁转子的作用为助磁，运行时自由旋转，不接负载，其合成电磁转矩 T_{ir} 主要用于克服转轴上的摩擦力，若忽略转子轴上的摩擦力，且当其转速恒定不变时，其电磁转矩为 0，故永磁转子的机械强度要求并不高。

2.3　定子参数的确定

考虑到电机设计的特殊性，参考感应电机和永磁同步电机的设计方法对 DDPMIM 进行设计。主要设计任务有确定电机的主要尺寸、电机的磁路结构、选择永磁体的牌号、估算永磁体的体积、计算定转子冲片尺寸和绕组数据，应用有限元法对初始方案进行验证，然后采用相关优化算法调整电机某些设计参数直至电磁方案满足性能指标要求。设计流程如图 2-6 所示。

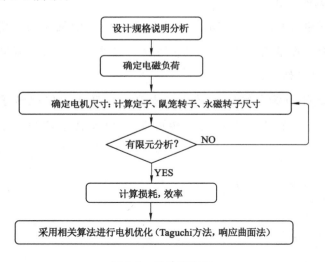

图 2-6　设计流程图

本书将以 11 kW、4 极、3 相，额定线电压 380 V、额定频率 50 Hz 的 DDPMIM 为例进行设计。

根据电动机的功率和极数，经过预估电磁负荷，由电机的基本知识，可以得到电机的主要尺寸。但实际应用中，很少有完全从头开始的设计[78]。借鉴已有资料，在最接近待设计的电机上进行适当改进，进行初步设计时，定子借用 Y 系列异步电机 Y160M-4，定子铁芯如图 2-7 所示。

图 2-7　Y160M-4 定子铁芯

本书所设计的 DDPMIM 的绕组形式采用单层链式绕组。

（1）功电流计算公式如（2-10）所示。

$$I_{kW} = \frac{P_N}{mU_{N\varphi}} = \frac{\sqrt{3} \times 11\,000}{3 \times 380} = 9.649(A) \tag{2-10}$$

式中　$U_{N\varphi}$——电机额定相电压。

（2）定子槽数

$$Q_1 = 36 \tag{2-11}$$

（3）定子每极槽数

$$Q_{P_1} = \frac{Q_1}{p} = 9 \tag{2-12}$$

用槽数表示极距 τ

$$\tau = \frac{Z}{2P} = \frac{36}{4} = 9 \tag{2-13}$$

（4）采用整距绕组，节距 y_1

$$y_1 = 9 \tag{2-14}$$

（5）每槽导体数

$$Z_1 = 28 \tag{2-15}$$

（6）每相串联导体数

$$Z_{\varphi 1} = \frac{Q_1 Z_1}{ma_1} = 336 \tag{2-16}$$

式中，$a_1 = 1$。

（7）绕组线规

导线并绕根数与截面积之积

$$N'_1 A'_1 = \frac{I'_1}{a_1 J'_1} = \frac{10.48}{1 \times 4.84} = 2.165(cm^2) \tag{2-17}$$

式中，I'为定子电流初步预估值，且

$$I'_1 = \frac{I_{kw}}{\eta' \cos \varphi'} = \frac{9.649}{0.93 \times 0.99} = 10.48(\text{A}) \tag{2-18}$$

式中　J'_1——定子电流密度，按经验选取，初选为$J'_1 = 4.84 \text{ A/mm}^2$。

实际生产中，为了削弱电流集肤效应的影响，一般不选择较粗的定子绕组线径，而是选择多根并绕的方法，本书设计电机选择并绕根数$N'_1 = 2$；同时电机绕组的线径也不宜太粗，这样会增加绕制和嵌线难度。因此这就要合理选择电机绕组线规。根据$N'_1 A'_1$的值，选取直径为1.3 mm的两根导线并绕。

（8）槽满率

槽尺寸如图2-8所示。

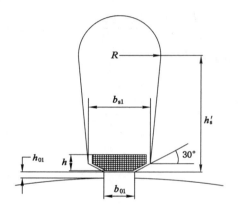

图2-8　定子槽示意图

① 槽面积

$$A_s = \frac{2R + b_{s1}}{2}(h'_s - h) + \frac{\pi R^2}{2} = \frac{2 \times 5.1 + 7.7}{2}(15.2 - 2) + \frac{\pi \times 5.1^2}{2} = 1.59 \text{ (cm}^2)$$

$$\tag{2-19}$$

② 槽绝缘占面积

$$A_i = C_i(2h'_s + \pi R) = 0.3 \times (2 \times 15.2 + \pi \times 5.1) = 0.139 \text{ (cm}^2) \tag{2-11}$$

③ 槽有效面积

$$A_e = A_s - A_i = 1.59 - 0.139 = 1.451 \text{ (cm}^2) \tag{2-21}$$

④ 槽满率

$$S_f = \frac{N_1 Z_1 d^2}{A_e} = \frac{2 \times 28 \times 1.38^2}{1.451 \times 10^2} = 73.5\% \tag{2-22}$$

（9）槽距角

$$\alpha = \frac{p \times 360}{36} = 20(°) \qquad (2\text{-}23)$$

槽电动势星形图如图 2-9 所示。各个槽号的相带分布如表 2-1 所示。

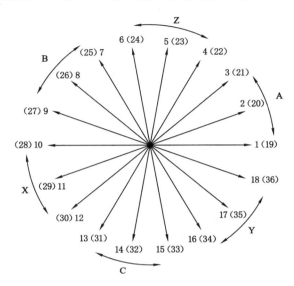

图 2-9　槽电动势星形图

表 2-1　各个槽号的相带分布

极对	相带					
	A	Z	B	X	C	Y
第一对极	1 2 3	4 5 6	7 8 9	10 11 12	13 14 15	16 17 18
第二对极	19 20 21	22 23 24	25 26 27	28 29 30	31 32 33	34 35 36

三相绕组的展开图如图 2-10 所示。

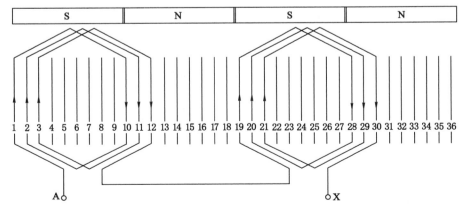

图 2-10　绕组分布展开图

2.4 永磁转子的设计

永磁转子在永磁感应电机中的作用为助磁,设计的主要任务是永磁体尺寸的估算。一般情况下,永磁体轴向长度选择与电机铁芯的长度一样,永磁极采用面贴式,其模型图如图 2-11 所示,所以在极弧系数确定的情况下,需要考虑的永磁体尺寸只有一个:永磁体的磁化高度,书中采用等效磁路法对其进行预估。

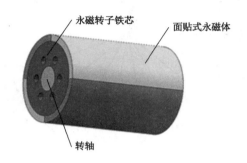

图 2-11 永磁转子模型图

当电枢绕组开路,只有永磁体励磁的完整等效磁路如图 2-12 所示。

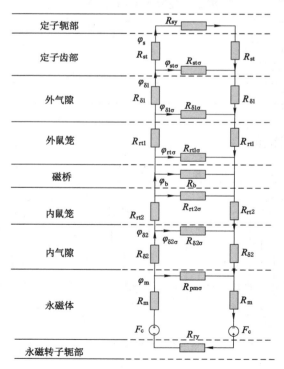

图 2-12 完整等效磁路

在上述完整的等效磁路中,涉及大量的未知参数,由于空气和永磁体的磁阻要比铁磁材料的大得多,在进行初步计算时,忽略铁磁材料的磁阻。另外,由于鼠笼转子磁桥宽度较薄,在初步确定电机尺寸时,假设该处磁路饱和程度较高。那么,简化后的等效磁路仅由永磁体、气隙和磁桥组成,各部分的磁阻如表 2-2 所示,简化等效磁路如图 2-13 所示。

表 2-2 磁阻的计算

类型	公式
外气隙磁阻	$R_{\delta1} = \dfrac{\delta_1}{\mu_0 L_s \tau_1}$
内气隙磁阻	$R_{\delta2} = \dfrac{\delta_2}{\mu_0 L_s \tau_2}$
鼠笼转子磁桥磁阻	$R_b = \dfrac{n l_b}{\mu_b L_s h_b}$

表 2-2 式中 　L_s——铁芯计算长度;

δ_1——外气隙长度;

δ_2——内气隙长度;

τ_1,τ_2——极距;

l_b——磁桥长度;

h_b——磁桥宽度;

n——每极下磁桥数量。

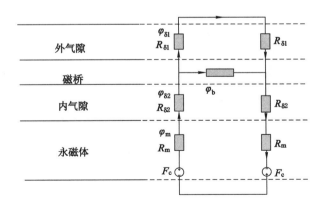

图 2-13 简化等效磁路

为简化计算,把永磁体磁场分为主磁场和漏磁场两部分,主磁场的计算采用磁路计算的方法,而漏磁场用漏磁系数考虑。漏磁系数受电机结构尺寸的影响很大,要精确计算需要电磁场数值求解。由于该步骤的目的是永磁体尺寸的初选,本书根据经验取 $\sigma_0 = 1.2$。为了计算永磁体的磁阻,可以利用基尔霍夫定律对简化等效磁路进行计算。

$$\begin{cases} -2F_c + 2\varphi_m \cdot R_m + 2\varphi_{\delta 2} \cdot R_{\delta 2} + \varphi_b \cdot R_b = 0 \\ 2\varphi_{\delta 1} \cdot R_{\delta 1} - \varphi_b \cdot R_b = 0 \end{cases}$$

$$\varphi_{\delta 2} = \varphi_b + \varphi_{\delta 1}$$

$$\frac{\varphi_m}{\varphi_{\delta 1}} = \sigma_0 = 1.2 \tag{2-24}$$

通过求解方程,得到永磁体磁化高度 h_m,进而计算所需的永磁体体积。

2.5 鼠笼转子的设计

本书讨论的 DDPMIM 与传统永磁感应电机最大的区别在于采用了双鼠笼的结构,所以讨论的重点为鼠笼转子结构对电机的影响。双鼠笼转子结构如图 2-14 所示。鼠笼转子参数(如槽型,槽配合)的设计可参考普通感应电机的设计。由于创新性地采用了双鼠笼结构,把磁桥设计到笼型转子导条的中部,永磁体所产生磁场的磁通和定子电流所产生磁通经磁桥都有笼型绕组与之交链,从而提高了永磁体的利用率。但这种设计给鼠笼转子的设计带来较大困难,磁桥宽度及磁桥位置的设计是鼠笼转子设计的难点,传统的设计方法难以达到设计要求,本书利用有限元方法对其进行了初选和调整,同时也为优化设计中磁桥宽度水平的选择提供了依据。

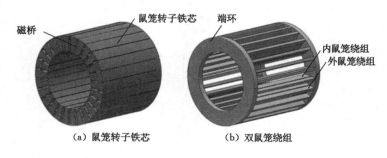

图 2-14 双鼠笼转子结构

2.5.1 磁桥宽度对电机性能的影响

传统的单鼠笼永磁感应电机永磁体励磁作用产生的磁场,一部分经内、外气隙与定子绕组相交链,另一小部分则直接穿过电机笼型转子的磁桥回到永磁体,降低了永磁体的利用率,为了避免这种浪费,不少学者对永磁体和磁桥宽度的折中选取做了大量工作[18-20]。在本书中,采用了双鼠笼的结构,并详细分析了磁桥宽度对电机性能的影响,磁桥宽度为 2 mm 和 4 mm 时磁桥中心处的磁感应强度的切向分量如图 2-15 所示,由图 2-15(a)可以看出,磁桥宽度为 2 mm 时,磁桥处磁感应强度的切向分量峰值为 1.942 T,磁路饱和程度较高。由图 2-15(b)可以看出,磁桥宽度为 4 mm 时,磁桥处磁感应强度的切向分量峰值为 1.742 T,饱和程度低。

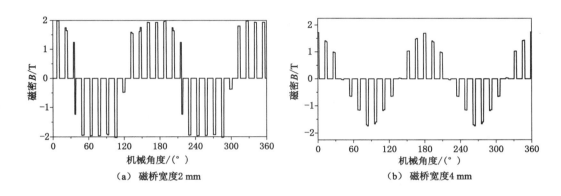

图 2-15　磁桥处磁感应强度切向分量

为进一步研究磁桥宽度对电机性能的影响,分别取磁桥宽度为 2 mm、4 mm 和 6 mm 时进行仿真,由图 2-16 可看出,磁桥宽度增加为 4 mm 时,电机在额定负载下能较快启动,磁桥宽度增加到 6 mm 时,电机在 300 ms 时基本到达稳定速度,相比磁桥宽度为 2 mm 的 DDPMIM 负载启动能力大幅改善。由图 2-17 可以看出,当磁桥宽度增加时,和磁桥宽度为 2 mm 时相比,电机的效率、功率因数下降。当磁桥宽度增加时,启动过程中定子绕组磁场经外气隙与双鼠笼间磁桥与外鼠笼绕组交链程度增强,相当于增加了纯异步启动转矩,改善启动能力;当电机达到稳态后,由于磁桥宽度的增大,导致鼠笼导条的截面积减小,导条电阻增大,铝耗增加,效率降低。

故电机的启动能力、效率、功率因数均与鼠笼转子磁桥部分的厚度密切相关,磁桥宽度变大时,电机的启动能力明显提高,但功率因数、效率降低。另外,转子的刚性也与外转子磁桥密切相关,磁桥越薄则刚性越差,故在实际使用中,为了保证电机转子机械强度,磁桥不应选得太薄。在保证鼠笼转子刚性和电机负载启动能力的前提下,应尽量降低磁桥宽度,以保证电机的经济运行。

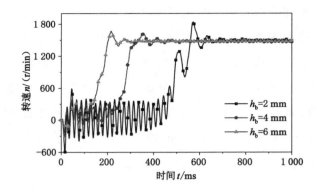

图 2-16 磁桥位置对电机额定负载启动能力的影响

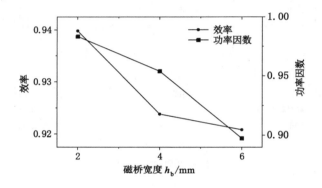

图 2-17 磁桥位置对电机稳态性能的影响

2.5.2 磁桥位置对电机性能的影响

2.5.2.1 磁桥位置对启动性能的影响

磁桥宽度 h_b 保持 2 mm 不变,改变磁桥位置 X(该值为磁桥中心到电机轴心的距离)对电机的启动及稳态运行性能进行了有限元仿真分析,图 2-18 显示了当改变磁桥位置时电机空载下的自启动过程。由图 2-18 可以看出,空载启动过程中,当磁桥居中时,电机的自启动能力较强。随着仿真过程中磁桥位置上移(上笼槽逐渐变浅,下笼槽加深时)电机具有良好的自启动能力,而磁桥位置下移时,电机启动性能开始变差,但当上笼槽深比下笼槽深差值变大到一定程度后,电机启动性能又有所改善,但仍不如上笼槽浅、下笼槽深时的情况。电机额定负载启动的情况与上述现象是一致的,磁桥位置靠外时电机在额定负载转矩下自启动性能良好,而磁桥位置靠内时电机启动变差。

2.5.2.2 对效率、功率因数的影响

由于定子电流所产生磁场和永磁转子永磁场通过磁桥与鼠笼转子内外鼠笼绕组均

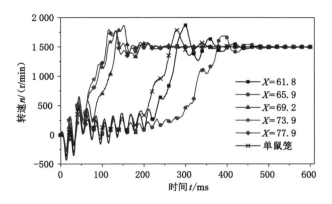

图 2-18　磁桥位置对电机空载启动能力的影响

有交链,在内外鼠笼绕组中感应交流电流,磁场交链的情况难以定量分析,本书采用了有限元的方法进行仿真来验证磁桥位置改变时对电机稳态运行性能的影响。图 2-19表明了双鼠笼转子磁桥位置改变时对电机稳态性能的影响,可以看出,随着仿真过程中磁桥位置外移,电机的效率有所降低,但变化不大;功率因数逐渐增大,但当磁桥位置上移到一定程度后,功率因数出现大幅降低。

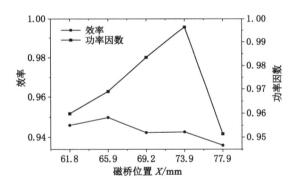

图 2-19　磁桥位置对电机稳态性能的影响

2.6　其他设计参数

考虑到永磁感应电机的双转子结构,内外转子间存在相对运动,其内气隙应当适当加大。另外,永磁感应电机启动能力对永磁转子的转动惯量很敏感,所以,在不影响机械强度和磁路性能的情况下,应尽量减小永磁转子的转动惯量。

本书设计的 DDPMIM 的初步设计参数如表 2-3 所示。

表 2-3　电机的主要设计参数

部件	参数（单位）	值
定子	外径/mm	260
	内径/mm	170
	轴向长度/mm	155
	槽数	36
	线圈匝数	28
鼠笼转子	外气隙长度/mm	0.5
	外径/mm	169
	内径/mm	108
	磁桥宽度/mm	2
	槽数	52
永磁转子	永磁体极数	4
	永磁体厚度/mm	8
	极弧系数	1
	永磁体矫顽力/(kA/m)	930
	内气隙长度/mm	1

2.7　本章小结

　　本章简要介绍了 DDPMIM 的拓扑结构与工作原理，通过建立等效电路得出 DDPMIM 的励磁电流表达式，建立 $dq0$ 坐标系下的电机模型并得出电压方程、磁链方程及转矩方程。参考感应电机和永磁同步电机的设计方法对 DDPMIM 进行设计，主要完成电机定子、永磁转子及鼠笼转子的机械结构设计并确定电机的初步电磁参数。

3 影响 DDPMIM 性能的关键因素研究及其多目标优化

本章在研究不同参数对电机性能的影响的基础上,对电机进行多参数多目标优化。主要内容有:① 利用 Taguchi 法筛选对电机稳态性能影响较大的结构参数;② 利用响应曲面法解决全局优化设计方法中计划函数建立困难的问题,建立可以适当描述电机稳态运行性能参数与影响因素关系的数学模型,通过求解数学模型完成对结构参数的优化;③ 采用有限元方法进行仿真验证,以此完成电机的设计及优化。由于永磁转子的优化设计完全可以参考永磁同步电机的优化方法,且方法较为成熟,故本节在对电机优化参数选择时将双鼠笼转子的结构参数作为讨论重点。

3.1 Taguchi 法在多目标优化中的应用

Taguchi 法是一种基于统计学原理的优化方法,该方法对随机误差敏感度低,能在环境多变条件下用尽量少的试验次数,迅速有效地搜寻到最佳的实验设计组合。结合本书所需,运用 Taguchi 法的主要流程如图 3-1 所示。

3.1.1 优化参数的选取及实验矩阵的建立

在保证电机启动能力下,以稳态运行性能(效率 η、功率因数 $\cos\varphi$、转矩波动 S^2)作为优化目标,选定双鼠笼转子磁桥位置 X、磁桥宽度 h_b、槽宽 b_{r1}、槽口宽 b_{02} 作为变量,每个变量取 3 个水平,优化参数及因子水平配置见表 3-1,由于该电机参数中磁桥位置 X 和厚度 h_b 的选取几乎没有参考资料,其各水平的取值以 2.5.2 中有限元分析保证电机启动能力的范围为依据。

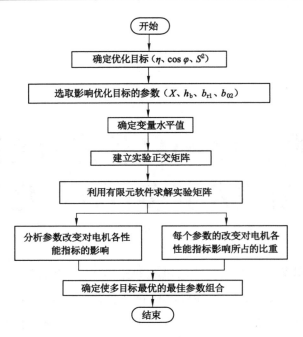

图 3-1 Taguchi 设计步骤流程图

表 3-1 优化因子及其水平配置

参数	X/mm	h_b/mm	b_{r1}/mm	b_{02}/mm
水平 1	70	2	4.4	0.8
水平 2	73	3	4.8	1
水平 3	76	4	5.2	1.2

　　根据 Taguchi 算法和初选变量,选定 $L_9(3^4)$ 正交表,通过有限元分析获取各样本时的性能参数,实验矩阵及有限元结果见表 3-2,需要说明的是,电机稳态运行时转矩波动大小采用方差描述,计算公式为:

$$S^2 = \frac{\sum_{i=1}^{n}(X_i - \bar{X})^2}{n-1} \tag{3-1}$$

式中　X_i——随机变量;

　　　$\bar{X}$——样本均值;

　　　n——样本数目;

　　　s^2——方差。

表 3-2 实验矩阵及有限元分析结果

次数	实验矩阵				效率 $\eta/\%$	功率因数 $\cos\varphi$	转矩波动 S^2
	X	h_b	b_{r1}	b_{02}			
1	1	1	1	1	94.19	0.996 4	195.36
2	1	2	2	2	94.37	0.949 5	148.57
3	1	3	3	3	93.98	0.943 8	140.95
4	2	1	2	3	94.37	0.997 5	181.56
5	2	2	3	1	94.26	0.960 6	236.58
6	2	3	1	2	94.03	0.965 8	213.74
7	3	1	3	2	94.38	0.983 4	277.72
8	3	2	1	3	94.13	0.950 0	234.30
9	3	3	2	1	94.17	0.939 8	220.84

3.1.2 优化结果分析

根据表 3-2 给出的实验矩阵及有限元结果对 Taguchi 设计进行分析,采用统计的方法,首先分析平均值,即分析参数改变对电机各性能指标的影响式(3-2);再分析方差值,即每个参数的改变对电机各性能指标影响所占的比重式(3-3),结果如图 3-2 所示。

$$\begin{cases} a = \dfrac{1}{n}\sum_{i=1}^{n} s_i \\ a_{xi} = \dfrac{1}{3}\left[a_x(j) + a_x(k) + a_x(l) \right] \end{cases} \tag{3-2}$$

$$ss = 3 \times \sum_{i=1}^{3}(a_{xi} - a)^2 \tag{3-3}$$

式中　n——实验次数;

s_i——第 i 次实验的目标性能指标;

a_{xi}——在参数 x 的第 i 个影响因子下的目标性能指标平均值;

a_x——在参数 x 的某一次实验下的目标性能指标;

j,k,l——实验序号。

由图 3-2 可直观地看出当磁桥宽度变小时,电机效率、功率因数明显提高,且该参数的影响所占比重最大,转矩波动也随之稍变大,但是所占比重最小。有限元结果表明,磁桥宽度为 2 mm 时,稳定运行时磁桥处磁感应强度的切向分量峰值为 1.942 T,磁路饱和程度已经较高,而且在正交实验中,磁桥宽度为 2 mm 时,已经出现了功率因数

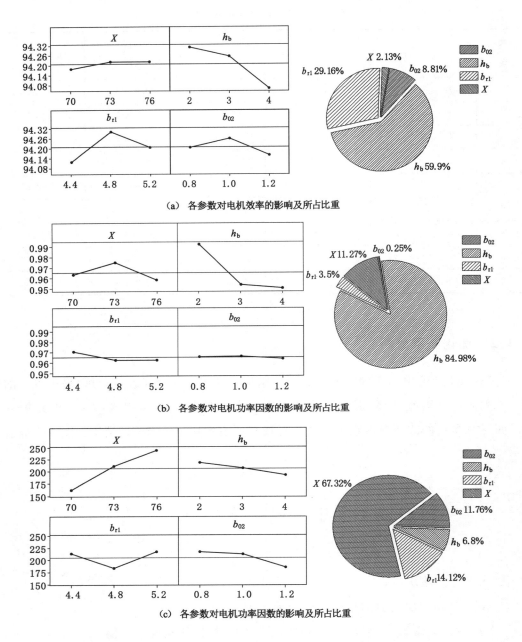

（a）各参数对电机效率的影响及所占比重

（b）各参数对电机功率因数的影响及所占比重

（c）各参数对电机功率因数的影响及所占比重

图 3-2　各参数对电机性能的影响及所占比重

为 0.997 5 的情况；此外，参考 2.5.2 中有限元仿真的结果，为保证电机的自启动能力和转子机械强度，磁桥不能太薄。综合以上情况，在本节中把磁桥选为 2 mm（值得一提的是，若该磁桥不存在，即为单鼠笼的情况，电机的启动能力和稳态运行性能会明显变差）。槽口宽对稳态性能影响所占比重均相对较小，折中选为 1 mm。

磁桥位置对转矩波动和功率因数的影响所占比重均较大,且不能从图 3-2 中明显看出取何值能同时满足效率、功率因数最高和转矩波动小的要求。槽宽对效率和转矩波动的影响所占比重也较大,不难看出,其值为 4.8 mm 时,效率高和转矩波动小,功率因数却略有降低。对磁桥位置和槽宽的优化选取在下节继续进行。

3.2 响应曲面法在多目标优化中的应用

3.2.1 响应曲面法简介

响应曲面设计方法(Response Surface Methodology,RSM)是利用合理的试验设计并通过实验得到一系列的数据,采用多元二次回归方程来拟合因素与响应值之间的函数关系,通过求解回归方程来寻求最优优化参数组合,解决多因数优化问题的一种统计方法。分为中心复合试验设计(Central Composite Design,CCD)和 BOX-Behnken 设计,运用 RSM 法的一般步骤如图 3-3 所示。

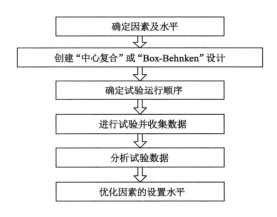

图 3-3 响应曲面设计步骤流程图

中心复合设计试验点有三种(立方体点、中心点和轴向点),如图 3-4 所示。其中所有立方体点和部分中心点构成了一个全因子设计,轴向点和剩下的中心点则将全因子设计扩展成二阶设计。根据轴向点取值的不同,又可将中心复合设计分为中心复合序贯设计(Central Composite Circumscribed Design,CCC),中心复合有界设计(Central Composite Inscribed Design, CCI)和中心复合表面设计(Central Composite Face-centered Design,CCF)三种,各自特征如表 3-3 所示[79]。

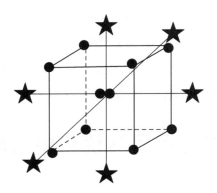

图 3-4　三因子中心复合设计

表 3-3　CCD 设计分类

特征	分类		
	中心复合试验设计(Central Composite Design,CCD)		
	CCC	CCI	CCF
设计域形状	球形	球形	立方体
水平设置	五水平	五水平	三水平
析因点位置	± 1	± 0.7	± 1
轴向点位置	$\alpha=\sqrt{k}$	$\alpha=1$	$\alpha=1$
推荐中心点数目	3～5 个	3～5 个	1～2 个
旋转性	可旋转	可旋转	不可旋转
序贯性	有	无	有

表中:k 为因素个数。

对于 BOX-Behnken 设计,该设计将自变量实验点设置在立方体棱的中点上,如图 3-5,这种设计有如下特点:① 该设计相比中心复合设计实验点有所减少;② 没有将所有试验因素同时安排为高水平的试验组合,对某些有安全要求或特别需求的试验尤为适用;③ 具有近似的旋转型,但其不具有序贯性。

3.2.2　基于响应曲面法的数学模型

针对本书所研究的 DDPMIM 而言,较为复杂的鼠笼转子拓扑结构及铁芯各部分饱和程度的不同使得应用解析法求解优化响应目标与优化参数之间关系非常困难且精度难以达到要求。本节采用响应曲面法和有限元分析相结合求解磁桥位置和槽宽与电机稳态运行指标之间的关系。

根据响应曲面法的编码规则,我们可以将初始的自变量的值进行代码转换,分别用

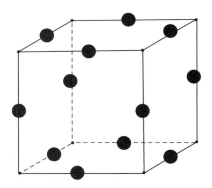

图 3-5 三因子 Box-behnken 设计

1，－1，0 来表示自变量的高水平，低水平和中心点。转码规则可参照式（3-4）和式（3-5）：

$$x_1 = \frac{\alpha_{\mathrm{pl}} - [\max(\alpha_{\mathrm{pl}}) + \min(\alpha_{\mathrm{pl}})]/2}{[\max(\alpha_{\mathrm{pl}}) - \min(\alpha_{\mathrm{pl}})]/2} \qquad (3\text{-}4)$$

$$x_2 = \frac{h - [\max(h) + \min(h)]/2}{[\max(h) - \min(h)]/2} \qquad (3\text{-}5)$$

其中，max( )，min( )分别表示各自变量在取值范围内的最大值与最小值。

CCF 设计试验点分布可分为：

（1）立方体点，各点坐标皆为 1 或－1，如图 3-6 中 C_1,C_2,C_3,C_4。

（2）轴向点，如图 3-6 中 A_1，A_2，A_3，A_4。

（3）中心点，坐标为（0,0）。

CCF 的总试验次数可由式（3-6）求得。

$$n = 2^k + 2k + N \qquad (3\text{-}6)$$

式中　k——变量因子个数，本节 $k=2$。

等式中 2^k 表示全因子试验点数，$2k$ 表示轴点数，N 为中心点数。二因子中心复合表面设计试验点分布示意图如图 3-6 所示。

由于电机鼠笼转子存在空间限制，对参数水平有一定的范围要求，且大量的有限元仿真结果及上节 Taguchi 方法的优化过程使参数的取值已逼近最佳范围，故使用中心复合表面设计（CCF），所有试验点都不超过立方体的边界，满足设计要求[80-81]。CCF 设计矩阵和有限元计算结果如表 3-4 所示。

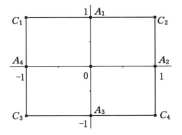

图 3-6 二因子中心复合表面设计

表 3-4　CCF 设计矩阵和有限元结果

次数	实验矩阵				效率 η/%	功率因数 $\cos\varphi$	转矩波动 S^2
	X	h_b	b_{r1}	b_{02}			
1	70	4.4	-1	-1	93.90	0.995 0	102.37
2	76	4.4	1	-1	94.29	0.985 6	281.40
3	70	5.2	-1	1	94.05	0.984 8	151.82
4	76	5.2	1	1	94.38	0.983 4	270.14
5	70	4.8	-1	0	94.02	0.987 9	114.06
6	76	4.8	1	0	94.44	0.969 3	181.87
7	73	4.4	0	-1	93.89	0.986 1	265.68
8	73	5.2	0	1	94.37	0.997 4	125.73
9	73	4.8	0	0	94.01	0.999 9	146.00

分析响应曲面设计的一般步骤如图 3-7 所示。

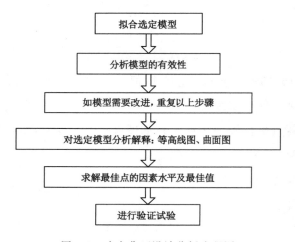

图 3-7　响应曲面设计分析流程图

　　由于已经确定由 Taguchi 法给出的自变量取值范围有曲度,现对 CCF 设计进行分析,各响应与各因子间的响应面的曲面图及等值线图如图 3-8 所示。由效率曲面图和等值线图可以看出,在优化范围内,槽宽越宽效率越高,磁桥位置 X 取值越大,效率越高,但效率总体偏差不大;从功率因数曲面图和等值线图可看出 X 对该指标影响较为明显,当 X 取值在 71～73,功率因数取值较大,b_{r1} 的取值范围的变化对功率因数影响不大,在图 3-8(d)中所示的最深色区域功率因数达到最大值,这与槽宽变窄转子齿部磁路饱和程度低有一定的关系,但槽宽过窄又会使鼠笼条阻抗大,进而影响效率;由效率曲面图和效率等值线图可以看出,在优化范围内,槽宽在 4.8 mm 附近转矩波动较小,

磁桥位置 X 取值越大,转矩波动越大。

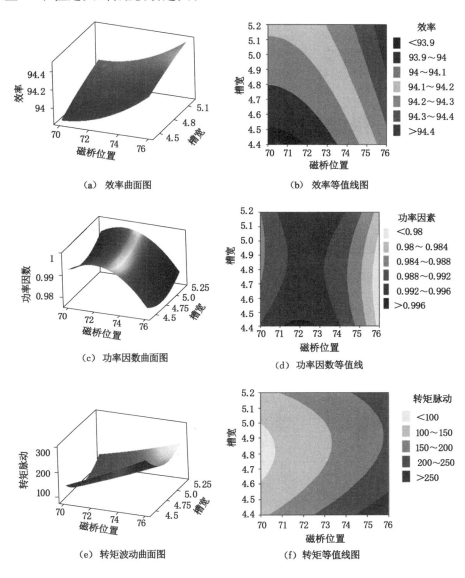

（a） 效率曲面图

（b） 效率等值线图

（c） 功率因数曲面图

（d） 功率因数等值线

（e） 转矩波动曲面图

（f） 转矩等值线图

图 3-8　各优化目标与各因子间等值线图和曲面图

采用 RSM 求出各响应与各因子间的一个近似数学模型,其回归方程如下:

$$\begin{cases} \eta = 136.29 - 1.37X + 2.06b_{\mathrm{r1}} + 0.01X^2 - 0.09b_{\mathrm{r1}}^2 - 0.01X \cdot b_{\mathrm{r1}} \\ \cos \varphi = -3.89 + 0.16X - 0.3b_{\mathrm{r1}} - 0.001X^2 + 0.019b_{\mathrm{r1}}^2 + 0.0017X \cdot b_{\mathrm{r1}} \\ s^2 = 4\ 603.26 + 8.41X - 2\ 251.96b_{\mathrm{r1}} + 0.5X^2 + 326.34b_{\mathrm{r1}}^2 - 12.65X \cdot b_{\mathrm{r1}} \end{cases} \quad (3\text{-}7)$$

式中,$X \in (70,76)$,$b_{\mathrm{r1}} \in (4.4,5.2)$。

在电机设计中,η 和 $\cos \varphi$ 总是望大的,S^2 则是望小的,响应曲面法构造拟函数,把电机设计中自变量和响应量之间非线性的关系,通过求解数学模型来进行多目标寻优。观察 CCF 设计矩阵中有限元的仿真结果,其效率在 94% 上下浮动,已接近最优,故在求解过程中,适当降低了 η 的响应权重,增加了 $\cos \varphi$ 和 S^2 响应权重,响应优化的整体解 $(X, b_{r1}) = (71.76, 4.93)$,相对应的响应结果为 $(\eta, \cos \varphi, S^2) = (94.08, 0.993, 122)$。

3.3 基于有限元的优化设计验证

最后,利用有限元方法对 Taguchi 和响应曲面法获得最优值的变量组合进行仿真分析,并对其自启动性能进行验证。把最终的设计结果和普通感应电机 Y160M-4 进行了性能对比,额定负载下的自启动能力和稳态运行时转矩波动对比分别如图 3-9、图 3-10 所示,稳态性能对比如表 3-5 所示。

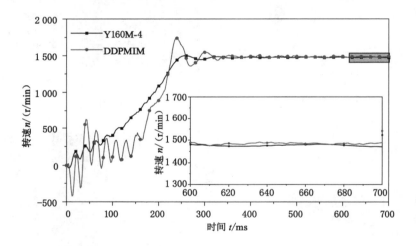

图 3-9　自启动能力对比

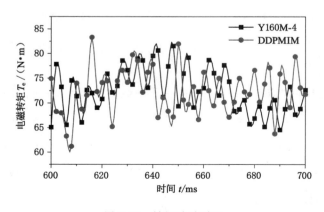

图 3-10　转矩波动对比

表 3-5　额定负载下稳态性能的对比

指标	类型			
	Y160M-4		DDPMIM	
	设计[82]	有限元法	响应曲面法	有限元法
η	88.84	89.5	94.08,	94.128
$\cos \varphi$	0.851	0.847	0.993	0.992 7

由图 3-9 可以看出,由于永磁体的存在,优化后的 DDPMIM 在启动能力上较普通异步电机稍差;稳态运行时 DDPMIM 的转差更小,机械特性硬。由图 3-10 并经计算可得,额定负载下稳态运行时 DDPMIM 的转矩波动为 5.18%,较普通异步电机 4.93% 稍大。

由表 3-5 可得,DDPMIM 的稳态运行性能较普通异步电机有明显提高,大幅改善了异步电动机功率因数低的弊端,其效率提高了 4.6%;同时有限元分析结果与 RSM 模型分析结果十分吻合。

3.4　优化后电机特性分析

3.4.1　额定负载下的运行状态仿真分析

图 3-11 为优化后的 DDPMIM 在额定电压下,带额定负载启动过程中的部分有限元仿真结果:

3.4.2　不同负载下运行状态仿真分析

为深入研究 DDPMIM,对电机鼠笼转子带不同负载下启动时的情况进行了有限元仿真分析,鼠笼转子的转速和电磁转矩曲线分别如图 3-12 和图 3-13 所示,永磁转子的转速和电磁转矩曲线分别如图 3-14 和图 3-15 所示。由图 3-12 和图 3-14 可以看出,随着负载转矩的增加,两个转子的启动时间均有所增长;到达稳定转速后,鼠笼转子以异步速旋转,机械特性硬,额定负载下鼠笼转子转差率仅为 0.01;永磁转子以同步速旋转。由图 3-13 和图 3-15 可以看出,鼠笼转子和永磁转子在启动过程中的电磁转矩均出现明显的波动,与转速曲线一致,随着负载转矩的增加,两转子的电磁转矩波动时间增长,当达到稳定转速后,鼠笼转子电磁转矩用来平衡负载转矩;永磁转子不带负载,以同步速自由旋转,电磁转矩几乎为零,说明了永磁转子上的损耗很小。

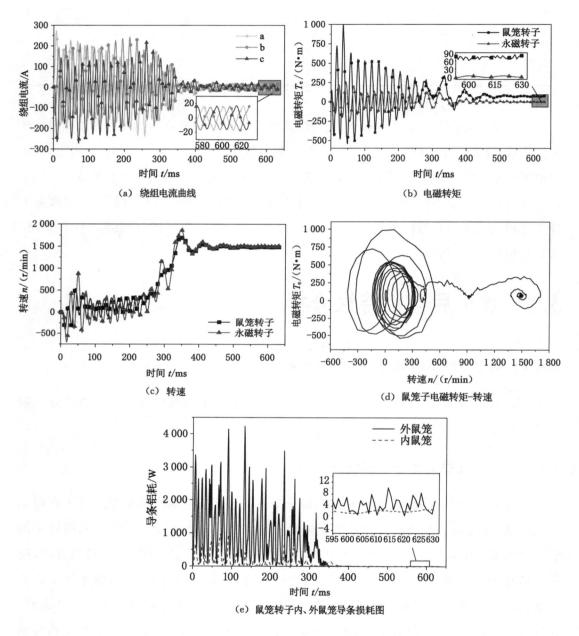

(a) 绕组电流曲线

(b) 电磁转矩

(c) 转速

(d) 鼠笼子电磁转矩-转速

(e) 鼠笼转子内、外鼠笼导条损耗图

图 3-11   电机额定负载启动过程仿真

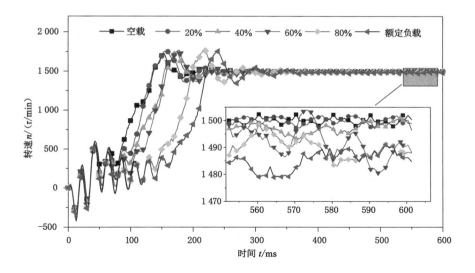

图 3-12 不同负载下鼠笼转子转速曲线

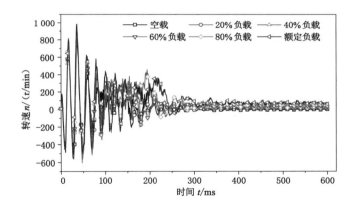

图 3-13 不同负载下鼠笼转子电磁转矩曲线

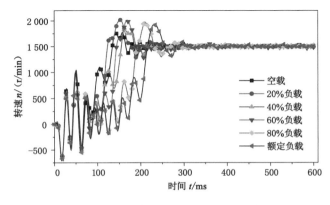

图 3-14 不同负载下永磁转子转速曲线

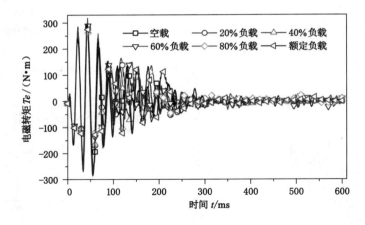

图 3-15　不同负载下永磁转子电磁转矩曲线

3.5　本章小结

由于 DDPMIM 设计的特殊性,参考感应电机和永磁同步电机的设计方法对 DDPMIM 进行设计计算。在确定 DDPMIM 的初步设计参数的基础上,本章将 Taguchi 方法和响应曲面法应用于电机的优化设计当中。利用 Taguchi 方法对相关因子进行确定,并优选出对电机稳态运行性能指标影响显著的变量;利用响应曲面算法构造优化目标与影响因子间的数学模型,通过求解数学模型确定优化变量的取值。

基于有限元仿真对比分析了优化后电机与对应的普通感应电机性能,证明了所采用的优化设计方法正确性;DDPMIM 较普通感应电机总体性能更优,但由于永磁体的存在,其转矩波动、振动和噪声等方面需要进行进一步的研究与优化。

4 DDPMIM 启动过程中永磁体退磁研究

4.1 永磁体退磁机理分析及永磁体退磁研究方法

4.1.1 永磁体退磁机理

将铁磁材料进行周期性磁化,便可得到磁感应强度 B 随磁场强度 H 改变而变化的曲线,称为磁滞回线,如图 4-1 示。将磁滞回线宽、剩余磁通密度 B_r 和矫顽力 H_c 都大的铁磁材料称为永磁材料。

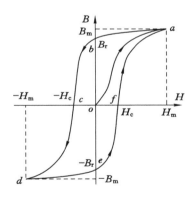

图 4-1 铁磁材料的磁滞回线

退磁曲线用于描述永磁材料的基本特性曲线,位于磁滞回线的第二象限部分,如图 4-1 中 **B-H** 曲线所示。根据铁磁学理论,真空中磁感应强度 B 和磁场强度 H 的关系为

$$B = -\mu_0 H \tag{4-1}$$

永磁材料中的磁场满足

$$B = -\mu_0 H + \mu_0 M \qquad (4\text{-}2)$$

式中　μ_0——真空磁导率；

　　　M——磁化强度，单位为 A/m；

　　　$\mu_0 M$——内禀磁感应强度，用 B_i 表示。由式(4-2)可得

$$B_i = B + \mu_0 H \qquad (4\text{-}3)$$

描述内禀磁感应强度与磁场强度关系的 $B_i\text{-}H$ 曲线称为内禀退磁曲线，如图 4-2 所示。

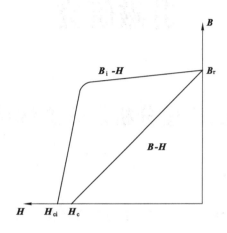

图 4-2　永磁材料的退磁曲线

永磁材料退磁曲线模型一般可分为两类：线性模型和不可逆非线性模型。

(1) 线性模型

永磁体的线性模型，是将永磁材料的磁化曲线简化为直线，永磁材料的特性只需要通过剩余磁通密度 B_r 和矫顽力 H_c 两个参数就可确定，永磁体工作点 P 在由这两点所确定的直线上。这种模型的特点是数据处理和实现简单，但无法考虑永磁体可能退磁的情况。如常温下的钕铁硼和稀土钴类永磁材料，其永磁材料退磁曲线为一条直线，恢复线与退磁曲线重合，如图 4-3(a)所示。其数学模型可表示为

$$B = B_r - \frac{B_r}{H_c} H \qquad (4\text{-}4)$$

(2) 不可逆非线性退磁模型

对于高温下钕铁硼和部分铁氧体永磁材料的退磁曲线，如图 4-3(b)示。当永磁材料的工作点在拐点 k 上方移动时，永磁体的回复线与退磁曲线相重合，认为永磁材料的退磁是可逆的；当永磁材料的工作点下降到拐点以下时，其磁密不会再沿着原来的非线性曲线上升，而是沿着新的回复线 PR 移动，永磁体发生不可逆退磁。

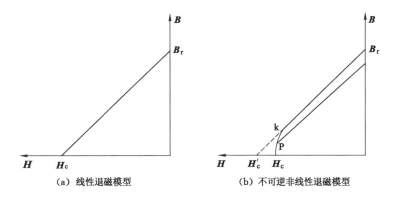

图 4-3 永磁材料的退磁曲线

永磁电机在实际工作过程中,永磁材料磁稳定性易受到周围环境的影响,如温度、电流磁场、振动、化学以及时效等因素。永磁材料尤其是钕铁硼类永磁材料,其温度系数大,环境温度和电机运转过程中产生的温升,都可能造成永磁体不可逆退磁;而对于永磁电机中用量较大的铁氧体永磁材料,由于其矫顽力随温度的降低而减小,随温度升高而增大,使其有可能在低温环境中出现不可逆退磁情况[83]。对于具有自启动能力的永磁电机而言,电机启动过程中绕组会产生较大的电流磁场,当电流磁场与永磁磁场方向相反时,会使永磁体发生最大去磁风险,永磁体也最容易出现不可逆退磁现象。根据电机学理论知识可知,永磁材料内部磁畴经磁化后方向趋于一致并形成永磁磁场,永磁体受到剧烈振动会导致永磁材料内部的磁畴方向变化,进而造成永磁体不可逆退磁。永磁材料的组成成分易受到酸、碱以及腐蚀性气体等化学因素的作用,使其表面或内部结构发生变化,将会影响永磁体的磁稳定性能。如钕铁硼永磁材料含有大量的钕和铁,容易被氧化,目前各种工艺水平的提升,由化学因素造成永磁体不可逆退磁的现象极少发生。永磁材料因使用年限的延长,可能会出现失磁问题,但常用的铁氧体、钕铁硼类永磁材料受这种情况的影响非常小。

永磁电机实际运行过程中,永磁体发生退磁是由以上几种因素共同作用造成的,但由于振动、化学环境以及时效三种因素造成永磁体不可逆退磁的概率较小,所以重点研究温度和电流磁场的因素。

4.1.2 永磁体退磁研究方法

目前,关于永磁电机永磁体退磁研究的方法主要有解析法、有限元法及多场域综合分析法等[84]。

解析法主要有等效磁路法、磁网络法和场路耦合法。等效磁路法计算所需时间少,但求解精度不高,一般用在方案估算和初始设计[85]。磁网络法是基于电机的空间结构,将磁通等效成磁阻和励磁磁势源单元,用节点将各单元连接起来,形成电机的磁网络模型。相较于等效磁路法,其计算精度要高,但跟有限元相较,存在误差。场路耦合法是将电路方程与磁场方程结合起来分析求解相关参数[86],相比前两种方法其求解精度更高,但计算量相对较大。解析法在求解过程中,把永磁体看成是一个整体进行退磁分析,得到的是反映永磁体整体退磁的平均工作点,难以分析永磁体局部退磁工作点。

有限元法是目前分析电磁场常用的一种方法,不仅可以反映出永磁体整体退磁状态,还能呈现出局部失磁情况。有限元法具有计算精度高和适用范围广的优点,但求解所需时间较长。利用场路耦合的时步有限元法[87]可以充分考虑饱和、涡流、集肤效应等非线性因素,是分析永磁体瞬态磁稳定性的有效手段。

多物理场综合分析法是将影响永磁体退磁的电磁场、温度场和流体场等综合起来进行分析的一种方法,能模拟电机的实际运行环境,所得结果也必然更接近真实。文献[58]对电机内部的磁场、温度场和流体场等场的基础上进行耦合分析,分析了永磁体的退磁特性。多物理场综合分析法将是研究电机运行状态特性和永磁体退磁的重要方法。

4.2　电机启动过程永磁体退磁分析

4.2.1　电机启动过程的退磁机理

定子磁势和永磁极磁势之间的夹角 θ 决定了电枢反应的作用是增磁或退磁作用。θ 为 0° 时(两磁势同向),增磁作用最强;在 θ 为 180° 时(即两磁势反向),去磁作用最强,如图 4-4 所示。由于双鼠笼永磁感应电机额定负载启动过程较长,增加了永磁体的退磁机会和风险。

4.2.2　永磁体退磁参考点的确定

由于电机结构的对称性,仅分析一个极下的永磁体磁密。选取一块永磁体具有代表性的中心和边角位置作为参考点,如图 4-5 中的 A、B 所示。永磁体退磁状态可通过参考点磁密随时间变化的曲线来反映,利用有限元法计算电机启动过程的磁密曲线。为便于分析,现规定:对于一给定的电机模型,某次启动过程中,永磁体参考点磁密曲线上的最小值为参考点最低磁密值;除永磁体产生的永磁磁场外,电机内的其他磁场均称为电流磁场。

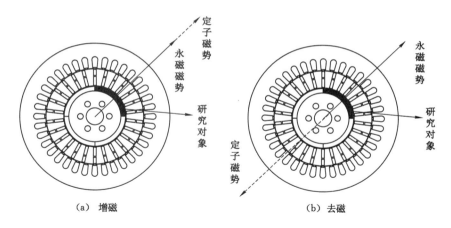

（a）增磁   （b）去磁

图 4-4   启动过程中的增磁和去磁

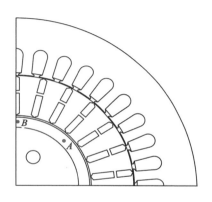

图 4-5   永磁体参考点

双鼠笼永磁感应电机额定负载转矩 T_N 下启动速度曲线及永磁体参考点磁密如图 4-6 所示。可以看出，启动过程中，电机转子存在明显的速度波动，该阶段定子磁场和永磁磁场速度不一，A、B 两点的磁密也随时间波动明显；由于电机采用的是电压源驱动，在通电瞬间时（0 s）定子电流、鼠笼转子电流的值为 0 A，绕组磁场尚未建立，所以参考点磁密就是永磁体本身剩磁 B_r，另外，由于 A、B 两点所处电机位置的不同，磁路结构有差异，导致 0 s 时刻 B 点的磁密略高于 A 点的磁密；在启动过程中，A 点磁密呈现波动下降的趋势，是由于永磁磁场作用于定子绕组且定子绕组等效短路所产生的变频永磁发电机效应磁场，该低频磁场与永磁磁场同步且为去磁作用，使永磁体区域参考点磁密波动下降[44]。所研究电机的鼠笼转子与永磁转子转速相差很小，故忽略了永磁体对鼠笼的感应电流效应磁场。A 点磁密较 B 点在任意时刻都低，更容易受到退磁磁场的影响，故后续将以 A 点为对象，研究永磁体退磁的特点。

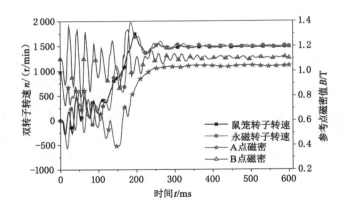

图 4-6　额定负载启动过程中转速及参考点磁密

4.3　正常启动运行条件对永磁体退磁的影响

保持电机启动过程中频率为 50 Hz 不变,研究负载转矩、鼠笼转子的转动惯量和永磁转子的初始位置以及电源电压幅值大小对电机启动过程中永磁体退磁的影响。并进一步讨论电机工作在极端恶劣环境下,其永磁体内磁密与转速的关系,得出极端恶劣工作环境下的退磁区域预估图。

4.3.1　负载系数对退磁的影响

负载主要分为转矩负载和转动惯量负载,首先分析保持鼠笼转子转动惯量和永磁转子初始位置以及电源电压不变,电机以不同负载转矩启动时,电机鼠笼转子转速和永磁体参考点磁密的变化曲线如图 4-7 所示。

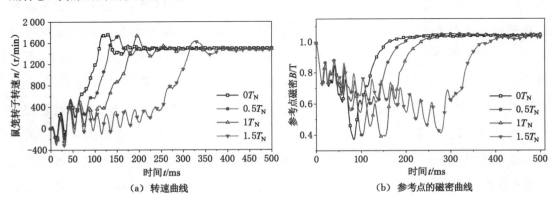

（a）转速曲线　　　　　　　　　　　　（b）参考点的磁密曲线

图 4-7　不同负载下启动时的转速和磁密曲线

4.3.2　鼠笼转子转动惯量对退磁的影响

保持永磁转子初始位置不变,鼠笼转子带额定负载,鼠笼转子加载不同倍数的转动惯量 J_r 启动运行时,电机启动过程中的鼠笼转子转速和永磁体参考点磁密的变化曲线如图 4-8 所示。

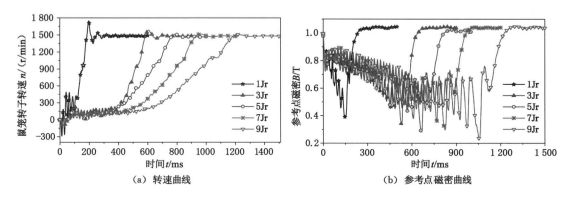

|（a）转速曲线 | （b）参考点磁密曲线 |

图 4-8　不同倍数转动惯量启动时的转速和磁密曲线

由图 4-7 和图 4-8 可知,相同条件下,鼠笼转子的转矩负载或转动惯量倍数越大,电机的启动过程越长,电枢磁场和永磁磁场方向关系变化的次数越多,参考点磁密波动的次数越多。参考点最小磁密值出现时间与负载大小、转动惯量大小和转速的关系,如表 4-1 所示。由表 4-1 数据可知,不同负载或转动惯量倍数,对启动过程中永磁体的最低磁密值并无规律性。永磁体最低点磁密在不同的负载或转动惯量倍数下,可能出现在任意转速。

表 4-1　不同启动条件时,参考点最低磁密值与转速关系

变量		参考点最低磁密值 B/T	鼠笼转速 n/(r/min)	时间 t/ms
负载倍数	0	0.371	765.4	83
	0.5	0.394	617.6	102
	1	0.388	836.2	146
	1.5	0.410	760.2	277
转动惯量倍数	1	0.388	836.2	146
	3	0.334	966.4	531
	5	0.281	1 014.7	666
	7	0.296	1 012.5	824
	9	0.235	1 106.2	1 053

4.3.3 永磁转子初始位置对退磁的影响

保持电机带额定负载和鼠笼转子转动惯量不变,研究永磁转子以不同初始位置启动时,永磁体磁密的变化,如图 4-9 所示。选取永磁体磁化方向与三相绕组旋转磁场 d 轴重合时,永磁转子位置角度为 0°,如图 4-9 所示,顺时针方向以 30°(机械角度)为间隔,依次取六个位置作为启动初始位置。

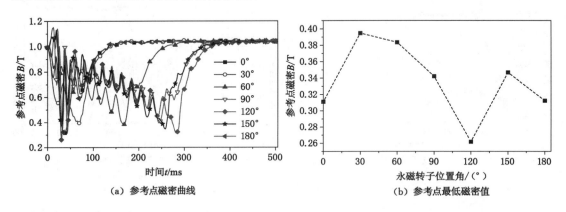

图 4-9　不同永磁转子初始位置启动时参考点磁密变化曲线

由图 4-9 可以看出,永磁转子的初始位置不同,启动过程中参考点 A 的磁密最低值不同。永磁转子在 30°位置启动时,永磁体参考点最低磁密为 0.395 T;120°位置启动时,永磁体参考点最低磁密为 0.261 T,两者之间相差 0.134 T。可见,永磁转子的初始位置对永磁体退磁也有一定影响。但从永磁体参考点最低磁密值随永磁转子位置角变化来看,两者并无规律可循。

4.3.4 电源电压高低对退磁的影响

电机电源接电网电压工作时,由于电网电压经常会在额定电压的±10%范围内波动。电机在额定负载情况下,保持鼠笼转子的转动惯量和永磁转子初始位置不变,计算和比较不同电源电压有效值 U_{ph} 下,电机的启动过程中的鼠笼转子转速和永磁体参考点磁密随时间变化的曲线,如图 4-10 所示。

由图 4-10 可知,电网电压有效值 U_{ph} 越大,电机启动时间越短,永磁体参考点磁密波动次数也越少。整体来看,各电压 U_{ph} 下启动过程中,随着鼠笼转子转速的逐渐提高,参考点磁密呈现下降的趋势。

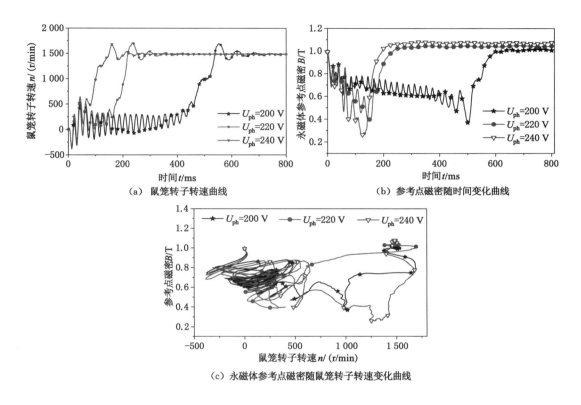

（a）鼠笼转子转速曲线

（b）参考点磁密随时间变化曲线

（c）永磁体参考点磁密随鼠笼转子转速变化曲线

图 4-10 不同电网电压 U_{ph} 启动时鼠笼转子转速及参考点磁密变化曲线

4.4 极端条件下的退磁研究与退磁区域预估

永磁电机实际运行工作中,永磁体发生不可逆退磁是由多种因素共同作用造成的[38]。若电机处于长期过载运行、环境温度较高或者冷却措施失效时,定转子电流产生强的退磁磁场可能会导致永磁体不可逆退磁。此外,当电机的工作温度过高时,永磁体的退磁曲线将在第二象限出现拐点[51],增加了永磁体不可逆退磁的风险。本书使用的永磁材料 N35SH,其在不同温度下的退磁曲线如图 4-11 所示。

在此将对双转子双鼠笼永磁感应电机模型在极端条件下(带 1.5 倍额定负载和 5 倍转动惯量,130 ℃工作温度)进行模拟退磁研究,并给出该条件下的退磁区域预估。该温度下永磁体的退磁曲线拐点磁密约 0.24 T(参见图 4-11),永磁体工作点低于此拐点的区域则认为永磁体出现部分不可逆退磁。极端条件下电机启动过程的鼠笼转子转速曲线和参考点磁密变化曲线,如图 4-12 所示。

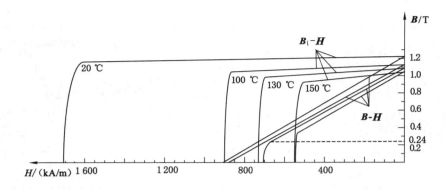

图 4-11　不同温度下 N35SH 永磁材料的退磁曲线

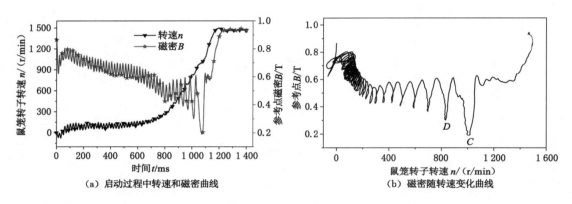

（a）启动过程中转速和磁密曲线　（b）磁密随转速变化曲线

图 4-12　极端条件下启动过程转速及磁密变化曲线

由图 4-12 可知,极端条件下电机的启动时间较长(约 1 180 ms),且在转速较低时,因转差率 s 较大,永磁体的磁密波动更快。随转速升高,退磁作用增强,在鼠笼转子转速达到 67%(1 005 r/min)同步速时,退磁作用最强。图 4-12(b)中,永磁体参考点最低磁密点 C 为 0.191 T,D 点为次最低磁密点(0.301 T)。C 和 D 点对应时刻的退磁区域,如图 4-13 所示。从图 4-13 的退磁区域图中,可以看出永磁体的退磁区域出现在磁极的中部。

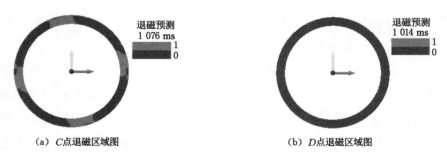

（a）C点退磁区域图　（b）D点退磁区域图

图 4-13　极端条件启动过程永磁体退磁预估图

4.5 双鼠笼转子导条的屏蔽作用分析

鼠笼绕组的屏蔽作用是指鼠笼绕组对电机永磁体退磁现象的抑制作用。为分析鼠笼绕组的屏蔽作用,本书中创新性地提出了一种利用时步有限元模拟仿真方法,该方法分为两步:

(1) 电机带额定负载正常启动,获取鼠笼转子转速-时间关系和永磁体参考点磁密-时间关系。

(2) 将双鼠笼导条的电阻率设为无穷大,即双鼠笼导条中没有电流。利用步骤(1)中鼠笼转子的转速-时间关系驱动鼠笼转子。永磁转子运行状态同步骤(1)。获取永磁体参考点磁密-时间关系。

步骤(1)得到额定负载下定子绕组和鼠笼绕组产生的合成磁场对永磁体区域的影响,步骤(2)得到定子磁场单独作用时对永磁体区域的影响,进而得出电机有/无转子鼠笼绕组屏蔽作用时永磁体退磁参考点磁密情况,如图 4-14 所示。可以看出,有/无鼠笼作用时启动过程中永磁体内参考点的最小磁密值分别为 0.388 T 和 0.015 T,相差0.373 T,在转速到达稳定后,有鼠笼绕组作用的模型,其磁密值逐渐趋向于稳定;无鼠笼绕组作用的模型,其磁密值仍会有小幅波动,可见鼠笼绕组对电机退磁有一定的抑制作用。

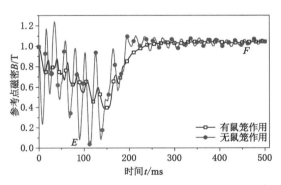

图 4-14　有/无鼠笼屏蔽永磁体参考点磁密

在图 4-14 中,E 点为无鼠笼绕组作用时,永磁体参考点磁密出现最低值的时刻,F点为电机到达同步速的稳态时刻;图 4-15 表示 E、F 点对应时刻的磁密分布云图(左侧为有鼠笼绕组作用,右侧为无鼠笼作用)。从图 4-15(a)中可以看出,永磁体区域较低磁密值都出现在磁极的中部,无鼠笼绕组的屏蔽作用时,磁极区域的磁密相对更低;由图4-15(b)可知,电机稳态运行时磁极上的磁密值近乎相同,这是因为鼠笼绕组屏蔽作用相对小。

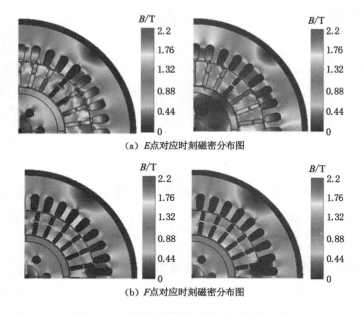

(a) E点对应时刻磁密分布图

(b) F点对应时刻磁密分布图

图 4-15 有/无鼠笼绕组的磁密分布云图

4.6 永磁体退磁对电机运行状态的影响

基于 4.5 节永磁体不可逆退磁后的模型,通过对比分析永磁体退磁前后电机的气隙磁密、功效等关键因素,进而研究永磁体退磁对电机整体运行状态的影响。

4.6.1 永磁体退磁后模型的建立

参考 4.4 节中的极端条件下的退磁预估结论,将永磁体不可逆退磁区域的材料的矫顽力设为 0,不可逆退磁区域颜色同背景色(白色),如图 4-16 所示。电机的其他参数均为初始额定参数,正常启动。

4.6.2 退磁前后气隙磁密的对比

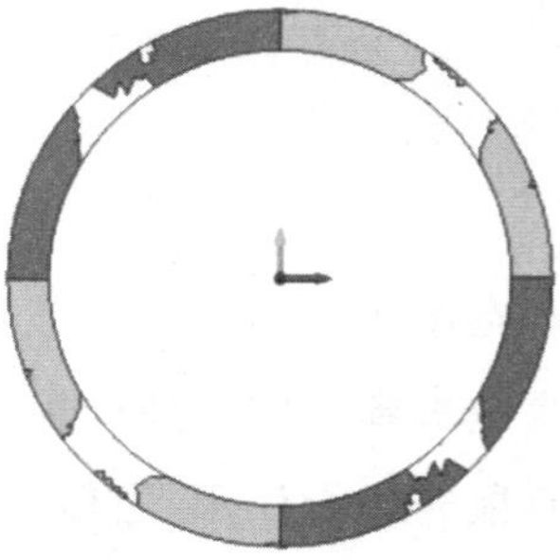

永磁体不可逆退磁前后,永磁磁场外气隙磁密和总的合成外气隙磁密,以及它们的谐波对比,如图 4-17 所示。由图可知,永磁体退磁前后合成磁场外气隙磁密接近一致,而退磁后的永磁磁场磁密是下降的,说明永磁体发生不可逆退磁后,气隙磁密中的谐波成分变大导致电磁转矩

图 4-16 退磁后的永磁体模型

波动变大,励磁电流增大,电机效率和功率因数降低,整体性能变差。

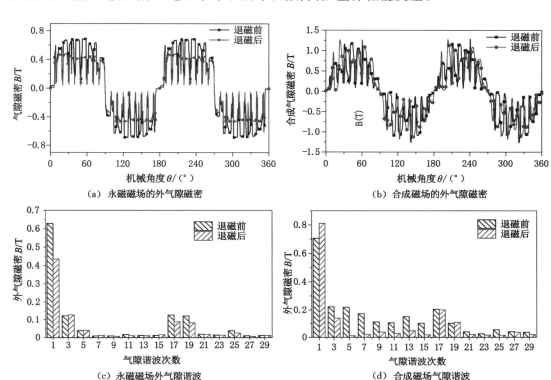

图 4-17　退磁前后的外气隙磁密和频谱分析图

4.6.3　退磁前后电机性能的比较

将永磁体出现不可逆退磁后的电机模型进行有限元仿真并计算,并将退磁前后的电机性能参数做对比分析,且退磁前后电机模型在同一工况下进行,如表 4-2 所示。如表中数据所示,永磁体发生局部部分不可逆退磁后,为了确保电机仍能维持恒定的转矩,定子绕组电流增大(如 A 相电流有效值增大了约 35.2%),电机损耗增加,效率下降(约降低了 5.1%),功率因数也因励磁电流增大而大幅下降(约降低了 30.1%)。同时,电流增大会使退磁磁场更为严重。如不采取措施,这样恶性循环的结果将导致电机彻底报废。

表 4-2　永磁体退磁前后电机性能对比

参数	A 相电流	转矩波动 T_R	铁耗/W	效率	功率因数
退磁前	18.14A	22.3%	225.9	0.933	0.993
退磁后	28.01A	28.5%	240.4	0.885	0.694

4.7　本章小结

本章的主要内容是采用时步有限元法,针对双转子双鼠笼永磁感应电机启动过程中永磁体退磁问题展开研究。得到了以下几点结论:

(1) 首先,建立起 DDPMIM 电磁场模型分析了负载转矩、转动惯量和永磁转子初始位置以及电网电压U_{ph}对电机启动过程中永磁体退磁的影响。电机负载转矩倍数或鼠笼转子转动惯量倍数越大,永磁体磁密波动的次数越多,但最小磁密值呈现出无规律性,可能出现在任意转速时刻;永磁转子的初始位置不同,对参考点 A 的磁密最低值及波动次数均有影响。

(2) 在高温重载条件下对电机永磁体进行退磁预估,发现永磁体发生不可逆退磁的位置最先出现在磁极的中间部位。

(3) 分别就电机有/无鼠笼绕组屏蔽作用时永磁体磁密情况进行了详细讨论。启动过程中,无鼠笼绕组屏蔽作用时,磁极参考点磁密值更低;达到稳定速度后,鼠笼绕组屏蔽作用减小,有/无鼠笼绕组屏蔽的电机永磁体磁密值近乎相同,但无鼠笼时参考点磁密波动较大。双鼠笼绕组的屏蔽作用可显著降低永磁体发生不可逆退磁的风险。

(4) 建立了永磁体退磁后的电机模型,永磁体退磁后,由于永磁磁场的助磁作用减弱,导致定子绕组励磁电流明显增大,电机稳态运行性能变差,温升加剧,将导致永磁体二次不可逆退磁,甚至导致电机报废。

5 双鼠笼永磁感应电机非正常运行工况的分析

在石油、煤炭、冶金等行业中不仅要求永磁电机有较高的效率和力能指标,且对其运行的可靠性也提出很高的要求。但永磁电机在实际工作过程中,难免遇到一些非正常运行工作情况,如失步、重合闸、断相以及反转等。这些非正常工况可能会产生较大的电流磁场,如果电机长时间工作在非正常工况将会使电机的温度升高,这些都会导致永磁体发生不可逆退磁,严重时损坏电机。因此,分析永磁感应电机非正常运行工况具有十分重要的意义。

5.1 电机失步运行研究

对于 DDPMIM 而言,因永磁转子上负载转矩的突然变化导致永磁转子转速落后于旋转磁场的转速进而造成电机失步[55]。电机以鼠笼转子带额定负载转矩 T_N 稳定运行,在 600 ms 时刻施加不同系数的负载转矩于电机永磁转子上,计算得到的双转子转速曲线及永磁体参考点磁密变化曲线,如图 5-1 所示。

由图 5-1 可知,电机稳定运行时刻,永磁转子被突加不同系数的负载转矩时,永磁转子将出现两种运行状态:状态一,转速先小幅下降而后恢复至同步速(1 500 r/min)稳定运行,如图 5-1(a)和(b)示;状态二,失步运行,如图 5-1(c)和(d)示。状态一下的鼠笼转子转速也是先小幅下降而后恢复至额定转速运行,电机能正常运行;状态二下的鼠笼转子转速在额定转速下方震荡运行,电机失步。因所加的负载系数不同,电机瞬态过程也不同,造成永磁体退磁特点也不一样。由图 5-1(a)和(b)可知,电机永磁转子被突加 $1T_N$ 和 $2T_N$ 时,永磁体参考点磁密均是逐渐下降直至到达新的稳定值,并伴随小幅波动变化。当永磁转子被突加 $3T_N$ 和 $4T_N$ 时,电机失步,永磁体磁密大幅下降并频繁波

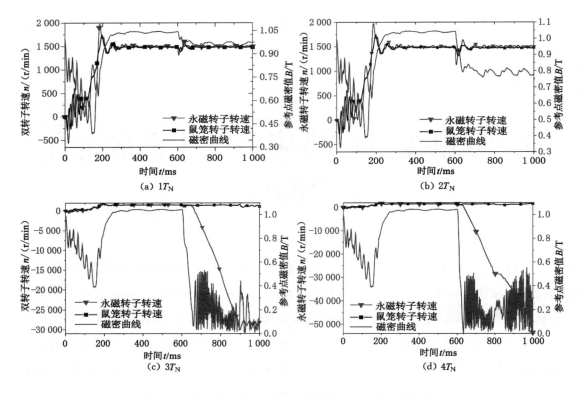

图 5-1 突加不同系数负载的双转子转速和参考点磁密曲线

动,永磁体退磁风险增大。

图 5-2 显示了永磁转子被突加不同系数负载转矩时的定子绕组电流变化曲线(以 A 相为例)。由图 5-2 可看出,电机稳态运行时绕组中的电流为正弦波,随着永磁转子负载系数的增大,定子绕组电流也随之增大且电机失步状态下绕组电流波动幅度较大,将会导致电枢磁场和电机温度增高。

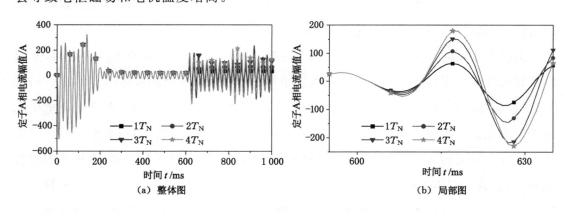

图 5-2 突加不同系数负载 A 相电流曲线

DDPMIM 电磁转矩包含鼠笼转子转矩和永磁转子转矩,电机总的电磁转矩变化曲线如图 5-3 所示。由图 5-3 可看出,在永磁转子被突加 $1T_N$ 和 $2T_N$ 时,电磁转矩先是瞬速增大而后分别趋于 144 N・m 和 216 N・m 附近并伴随小幅波动;在永磁转子被突加 $3T_N$ 和 $4T_N$ 时,电机出现失步运行状态,电磁转矩大幅振荡。电机失步后,将会使电机出现噪声和振动等问题。

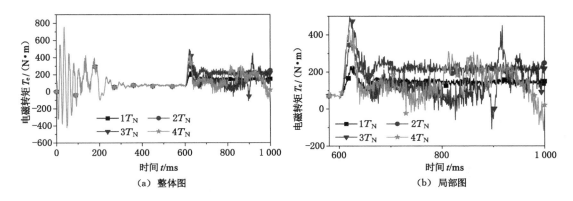

图 5-3　突加不同系数负载电磁转矩曲线

5.2　电机重合闸研究

在一些重要的工业领域,需要电机保持长时间不间断运行,如在油田、化工、冶金等行业,所以在供电电源发生故障后需要在电机不停止运行的状态下,进行一次重合闸或电源切换[88]。由于永磁体的存在,电源断电后电机内部仍有较强的磁场,在电机停转过程中电枢绕组中仍有强的感应电动势,重合闸时刻及过渡时间将造成比普通异步电机更严重的冲击电流和转矩波动,容易引起永磁体发生不可逆退磁,因此研究永磁电机重合闸过程,对电机安全运行具有重要的意义。

5.2.1　电机重合闸计算模型的建立

双转子双鼠笼永磁感应电机采用星三角连接,断电后的定子绕组电路图如图 5-4 所示。图中 R_1、R_2、R_3 和 L_1、L_2、L_3 表示定子电阻和端部漏感,i_a、i_b、i_c、u_{ab}、u_{bc}、u_{ca} 和 e_a、e_b、e_c 分别表示定子三相电流、线电压和感应电势。假定电机断电后线路上电流为零,忽略电弧效应。

开关 S_n 跳闸后电机对应的定子电路方程为:

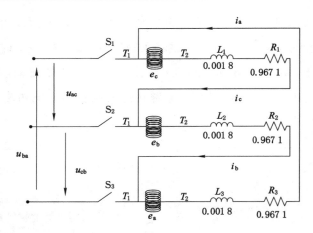

图 5-4　电机断电后定子电路示意图

$$\begin{cases} (e_a + e_b + e_c) + 3R_n i_a + 3L_n \dfrac{di_a}{dt} = 0 \\ i_a = i_b = i_c \end{cases} \qquad (5\text{-}1)$$

假定 Δu_a、Δu_b、Δu_c 分别表示三相电源相电压与相感应电势之间的差值,则电机正常运行或重合闸之后的定子电路方程可写成:

$$\begin{cases} R_1 i_a + L_1 \dfrac{di_a}{dt} = \Delta u_a \\[2mm] R_2 i_b + L_2 \dfrac{di_b}{dt} = \Delta u_b \\[2mm] R_3 i_c + L_3 \dfrac{di_c}{dt} = \Delta u_c \end{cases} \qquad (5\text{-}2)$$

此外,对于三角连接永磁电机的 Δu_a、Δu_b、Δu_c 可表示为[89]:

$$\begin{cases} \Delta u_a = u_{ab} - e_a \\ \Delta u_b = u_{bc} - e_b \\ \Delta u_c = u_{ca} - e_c \end{cases} \qquad (5\text{-}3)$$

由式(5-2)可知,在 Δu_a、Δu_b、Δu_c 较小时重合闸,可有效降低合闸后的冲击电流。为了综合反映出电源电压与感应电势间的差值,采用 Δu_a、Δu_b、Δu_c 生成的空间向量 U_1,如式(5-4);并以空间向量 $|U_1|$ 来判断电源电压与三相感应电势之间的差值水平,确定最佳的重合闸时刻。

$$U_1 = 2/3(\Delta u_a + e^{j120°}\Delta u_b + e^{j240°}\Delta u_c) \qquad (5\text{-}4)$$

空间向量 U_1 的幅值为

$$|U_1| = 2/3\sqrt{\Delta u_a^2 + \Delta u_b^2 + \Delta u_c^2 - \Delta u_a \Delta u_b - \Delta u_a \Delta u_c - \Delta u_b \Delta u_c} \qquad (5\text{-}5)$$

当$|U_1|$较小时,表示感应电势与电源电压总体差值较小,此时重合闸后的冲击电流会相对较小,利于重合闸;当$|U_1|$较大时,即感应电势与电源电压间总体差值较大,重合闸后的冲击电流将会很大,此时不利于重合闸。

5.2.2 重合闸时刻对电机性能的影响

在重合闸计算模型的基础上,利用有限元法计算并分析不同重合闸时刻对电机暂态过程的影响。在电机模型带额定负载稳定运行条件下,500 ms时刻断电后电压电源与感应电势间差值构成的空间向量幅值$|U_1|$的变化曲线如图5-5所示。为探究重合闸时刻对电机性能的影响,以图5-5中较大时刻,如561 ms时刻接通电源,计算得到过渡过程中电机的转速、电流、电磁转矩以及永磁体磁密值随时间变化的曲线,如图5-6所示。

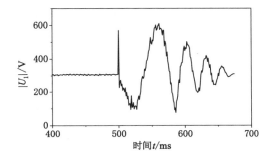

图5-5 断电后$|U_1|$的变化曲线

从图5-6可以看出,在561 ms时刻进行重合闸时,电机转子转速会加速下降,大约需要360 ms电机才能重新恢复到稳定运行状态。561 ms时刻重合闸过程中的A相冲击电流峰值达到859 A,远大于启动过程中的最大冲击电流504 A;而最大瞬时转矩也将达到1 719 N·m,转矩的冲击远远大于启动过程中的最大瞬时转矩837 N·m。重合闸过程中永磁体参考点最低磁密值接近为0.391 T,且由于重新启动时间较长,致使永磁体磁密波动次数较多。

图5-7显示了$|U_1|$较小对应时刻(如586 ms时刻)电机的转速、电流、电磁转矩以及永磁体磁密值随时间变化的曲线。从图5-7可以看出,在586 ms时刻进行重合闸时,电机转子转速快速上升,约需要90 ms电机就能牵入至额定转速。重合闸过程中的A相冲击电流峰值达到471 A,略小于启动过程中的最大冲击电流(504 A);此外,重合闸过程中的最大瞬时转矩(452 N·m)远小于启动过程中的最大瞬时转矩(837 N·m)。重合闸操作后双转子转速快速恢复至额定转速,永磁体磁密值只波动两次就到达稳定状态附近,参考点最低磁密值为0.506 T。

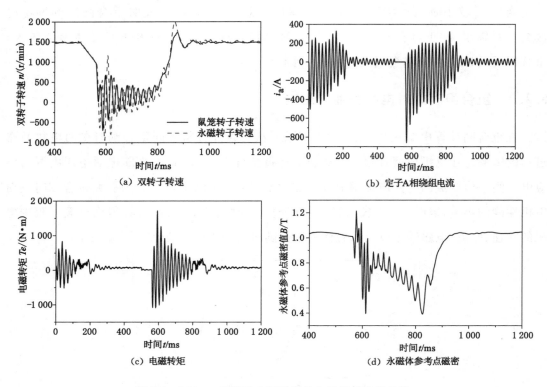

图 5-6　561 ms 时刻重合闸得到的电机运行性能曲线

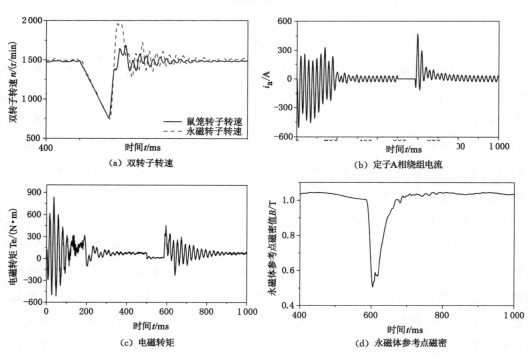

图 5-7　586 ms 时刻重合闸得到的电机运行性能曲线

通过对比分析以上两组不同时刻进行重合闸操作计算得到的数据可以得出以下结论：重合闸操作时刻对电机的性能影响很大。当在 $|U_1|$ 较大时刻进行重合闸操作时，电机的再启动时间、冲击电流和电磁转矩以及永磁体退磁风险都远大于在 $|U_1|$ 较小时刻重合闸时的。因此，合理选择重合闸操作时刻对于保护电机性能是很重要的。

5.3　电机断相研究

在三相交流电机实际运行过程中，断相运行是造成电机损坏的主要原因，占电枢绕组损坏事故的半数以上[90]。电机断相运行时，将会导致电枢电流增大，进而使电机温度升高；同时，断相运行也会出现转速和电磁转矩波动过大的现象，致使电机发生振动；这些情况都将会影响永磁体的磁稳定性能。

5.3.1　电机断相时的运行情况分析

电机带额定负载稳定运行过程中，突然在 600 ms 时刻断开电机三相定子绕组中的某一相，如 C 相，定子三相断相电路示意图如图 5-8 所示。电机断相前后的定子绕组 A 相电流、电磁转矩如图 5-9 示。电机双转子转速和参考点磁密值随时间变化曲线，如图 5-10 所示。

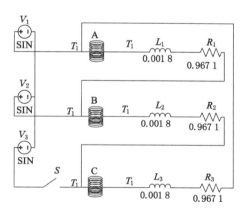

图 5-8　定子绕组 C 相断相示意图

由图 5-9(a)结果显示，断相前 A 相电流基波幅值约为 28.5 A，断相后定子绕组电流快速增大，最大达到 84 A 左右，断相后重新稳定的 A 相电流基波幅值约为 48.5 A。由于齿槽效应等因素的作用，断相前电机稳定运行时也存在电磁转矩波动，约为 14%。图 5-9(b)显示断相后的电磁转矩最小值约为 28 N·m，峰值达到 237 N·m，电磁转矩波动幅度较大，从结果来看，断相后的转矩波动幅度约为断相前的 3 倍。

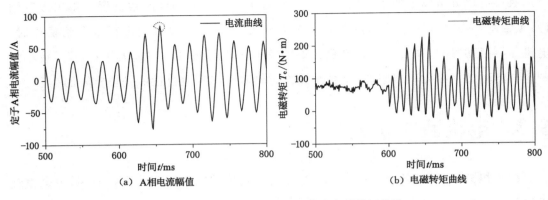

图 5-9　断相前后 A 相电流幅值和电磁转矩曲线

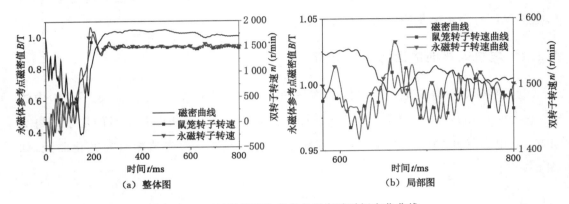

图 5-10　双转子转速和参考点磁密随时间变化曲线

由图 5-10 可知,断相后鼠笼和永磁转子出现小幅波动,永磁体磁稳定性也随之下降,并在永磁转子和鼠笼转子转速相差最大时,参考点磁密值出现相对低点为 0.992 T。而后,双转子转差慢慢减小,鼠笼转子导条屏蔽作用慢慢增强,永磁体磁密渐趋向于稳定。

5.3.2　负载系数对电机断相的影响

为了探究初始负载系数对电机断相的影响,首先建立起负载系数分别为 $0.5T_N$、$1T_N$ 和 $1.5T_N$ 三个电机模型并进行有限元仿真分析。在三个电机模型稳定运行过程中,在 600 ms 时刻突然断开三相定子绕组中的 C 相,断相后的鼠笼转子转速、电磁转矩波动、A 相电流幅值以及永磁体参考点磁密值变化曲线,如图 5-11 所示。断相故障发生前后电机的一些特性参数变化,如表 5-1 所示。

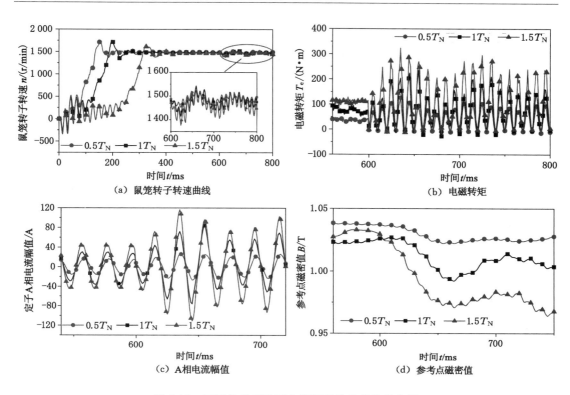

图 5-11 不同负载系数下电机断相前后的特性曲线

表 5-1 断相前后电机特性参数变化

	参数	鼠笼转速波动	电磁转矩最大幅值/(N·m)	电磁转矩波动	A 相电流最大幅值/A	磁密值波动
断	$0.5T_N$	0.003 2	48.4	0.119 0	19.3	0.004 0
相	$1T_N$	0.007 4	95.5	0.154 0	34.9	0.011 1
前	$1.5T_N$	0.009 7	132	0.118 4	45.0	0.005 0
断	$0.5T_N$	0.023 8	126.5	1.373 8	42.6	0.007 3
相	$1T_N$	0.043 3	237.8	1.093 2	84.1	0.017 3
后	$1.5T_N$	0.05	324	1.216 5	116.3	0.032 8

由图 5-11 和表 5-1 可以得出,电机发生断相故障后,随着初始负载系数的增加,鼠笼转子转速波动幅度也随之增大,电磁转矩最大幅值同比分别增大 2.6 倍、2.5 倍及 2.5 倍,定子 A 相电流最大幅值同比分别增大 2.2 倍、2.4 倍及 2.6 倍。断相后,永磁体磁密值也因为电枢磁场的增大和鼠笼导条的屏蔽作用减弱而出现下降;另外,由于鼠笼转子转速在断相后振动运行不能达到稳定,使得鼠笼导条的屏蔽作用也存在变化,造成了永磁体磁密值波动变化,永磁体参考点磁密值波动同比增大 1.8 倍、1.6 倍及 6.6 倍。

5.4 电机突然反转工况下的特性研究

当三相 DDPMIM 稳定工作时,突然变换相邻两相供电电压相位,将会导致电机反向旋转。电机突然反转至反向稳定运行过程中,会导致电枢电流以及鼠笼导条的感应电流增大,随之产生较大的电流磁场可能会使永磁体发生不可逆退磁的风险[55]。本书先分析了电机在额定负载稳定运行时刻两相电压相位突然反转后,电机的运行情况,包括对转速、参考点磁密值变化的分析。然后,探究了不同因素对电机突然反转过程中的性能影响。

5.4.1 电机突然反转时电机的运行情况

电机带额定负载转矩 T_N、转子本身转动惯量以额定转速稳定运行,在 600 ms 时突然交换 B、C 相电压,电机的鼠笼转子转速曲线和参考点磁密变化曲线如图 5-12 所示。

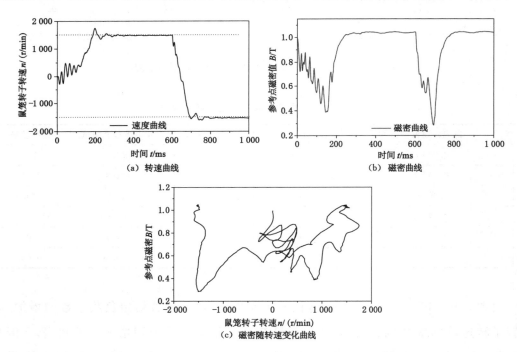

图 5-12 电机反转的鼠笼转子转速和参考点磁密变化曲线

由图 5-12 可知,交换 B、C 相电压后,鼠笼转子转速从额定转速快速下降并最终稳定在反向且略高于额定转速;在反转过程中,定转子合成磁场强度也在不断变化,永磁体参考点磁密值随着转速的下降而降低,并在转速达到 1 507 r/min 时刻,永磁体参考点磁密出现最低值为 0.285 T；而后随着转速逐渐趋于稳定，永磁体参考点磁密值也随之快速恢复到稳定值。从图中曲线变化来看，电机的反转过程中的永磁体磁密变化如同电机正常工况下的启动过程，由于受到电流磁场的影响，永磁体磁密随转子转速的变化而改变；不同的是，由于反转后电流增大，鼠笼转子转速快速从稳定到达反向稳定，反转过程中永磁体磁密波动次数相对少但发生不可逆退磁风险相对大。

5.4.2　电机初始运行条件对转子反转时的影响

采用有限元法计算了电机以不同负载系数启动运行的反转过程，电机模型一以转子自身转动惯量、鼠笼转子带不同额定负载系数反转时，永磁体参考点磁密值随时间变化曲线及对应的最低磁密值曲线，如图 5-13 所示；电机模型二以鼠笼转子带额定负载，以鼠笼转子带不同转动惯量反转时，永磁体参考点磁密值变化曲线如图 5-14 所示。从图 5-13 和图 5-14 来看，电机反转后永磁体参考点磁密值变化趋势接近一致，但永磁体参考点最低磁密值差别较大且无规律，因此单独改变电机运行时所带的负载转矩或者转动惯量系数对电机反转过程中永磁体退磁的影响无规律可循。

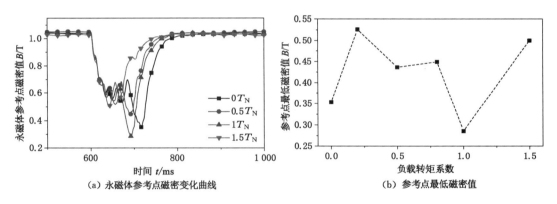

（a）永磁体参考点磁密变化曲线　　　　（b）参考点最低磁密值

图 5-13　初始负载转矩不同时反转后的永磁体磁密值及最低磁密值变化曲线

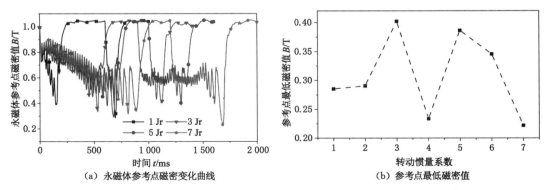

（a）永磁体参考点磁密变化曲线　　　　（b）参考点最低磁密值

图 5-14　初始转动惯量不同时反转后的永磁体磁密值及最低磁密值变化曲线

5.4.3 定子磁场反转时刻对电机的影响

电机稳定运行时,在不同时刻交换 B、C 相电压位置导致电机反向旋转,对应相同时刻下反转过程中永磁体参考点最低磁密值变化曲线,如图 5-15 所示。从图 5-15 中可看出,每相隔 10 ms 交换电压位置下的永磁体参考点最低磁密值接近一致。这是因为在电机稳定运行时,定转子产生的电流磁场与永磁体的永磁磁场近乎保持相对静止,假设交换电压致使电机反转后 t_0 时刻电机定转子的相对位置,如图 5-16(a)所示,那么在 t_0+10 ms 时刻电机定转子的相对位置可以表示为图 5-16(b)。为了直观明了,用集中线圈来表示定子三相绕组位置,定子三相电流的大小分别为 i_1、i_2、i_3,定子三相绕组电流的瞬时值可以表示为:

$$i_n = I_m \cos\left[2\pi ft - (n-1)\cdot 2\pi/3\right], n=1,2,3 \tag{5-6}$$

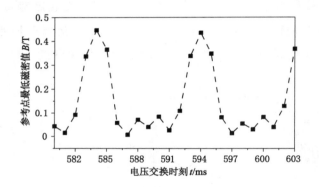

图 5-15 电压交换时刻下的永磁体参考点最低磁密值

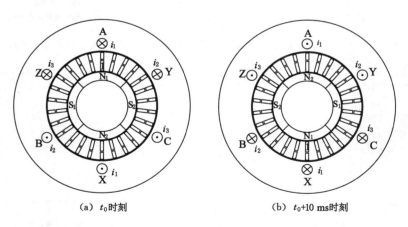

(a) t_0 时刻   (b) t_0+10 ms时刻

图 5-16 不同时刻定转子的相对位置

　　从图 5-16 中可以看出,电机工作在 t_0 时刻与 t_0+10 ms 时刻下的运行状态相同。所以在 t_0 时刻与 t_0+10 ms 时刻下交换两相电压时,电机内部的电流磁场和永磁磁场变化接近一致,永磁体磁密值变化理论上也应该近乎一致且对应的电机转速也应该相同。为了验证这一理论的正确性,仿真并计算了电机稳态运行时,在任一 t_0 时刻(本书以 588 ms 为例)与 t_0+10 ms 时刻(598 ms)下电机的瞬态反转过程,电机的双转子转速曲线如图 5-17 所示,图 5-18 为这两个时刻下的永磁体参考点磁密值变化曲线。从图 5-17 和图 5-18 中可以看出,在这两时刻下的电机反转过程中的鼠笼转子转速和永磁转子转速以及永磁体参考点磁密值变化都接近相同;为了进一步比较,对比分析了在这两时刻下反转过程中,永磁体参考点最低磁密值出现时刻的磁力线和磁通密度分布,如图 5-19 所示。从图 5-19 可知,两时刻下的磁力线分布和磁通密度近乎处处相同。这些证明了这两时刻下的电机运行状态也相同。

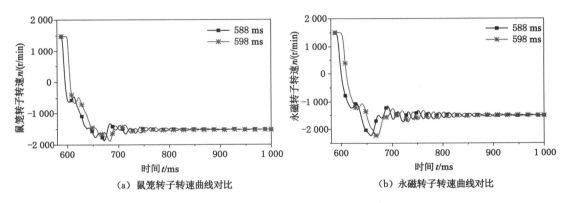

(a) 鼠笼转子转速曲线对比　　　　　(b) 永磁转子转速曲线对比

图 5-17　不同时刻下反转过程的转速曲线

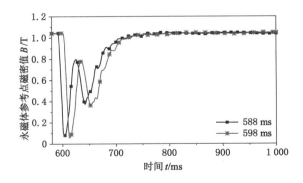

图 5-18　不同时刻下电机反转过程的永磁体参考点磁密值变化曲线

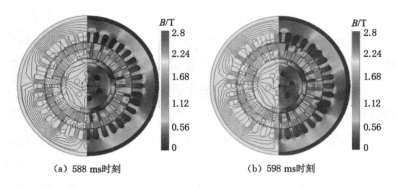

(a) 588 ms时刻　　　　　　　　(b) 598 ms时刻

图 5-19　反转过程中永磁体参考点最低磁密值对应的磁力线和磁密分布图

5.5　本章小结

本章主要是采用有限元法分析了双转子永磁感应电机运行在失步、重合闸、断相以及突然反转等非正常工况下的永磁体退磁特点和稳态运行特性。主要结论如下：

（1）讨论电机稳定运行时刻永磁转子突加不同系数的负载转矩系数对电机性能的影响，当施加的负载大于电机过载能力，易造成电机失步。失步导致电机震荡，相对永磁转子旋转的电枢磁场使永磁体磁密出现变化。

（2）建立了 DDPMIM 重合闸的有限元计算模型，从理论上讨论了重合闸时刻对电机性能的影响。如果在电源电压与感应电势差值较大时刻进行重合闸操作，冲击电流和瞬时电磁转矩会较大，过渡过程持续时间也较长，永磁体退磁风险较大。反之，则有利于保护电机。

（3）对双转子永磁感应电机断相运行进行了研究。研究了其在 50%、100% 和 150% 额定负载条件下断相前后的转速、转矩波动、定子电流和永磁体磁密情况。计算结果表明，相较于断相前，断相后的永磁体参考点磁密波动不大，但转子转速和电磁转矩波动都大幅增大，且电磁转矩幅值和 A 相电流最大幅值也相应增大，这将会导致电机温度升高和振动现象。从永磁体磁稳定性角度看，应避免电机断相后的长时间运行。

（4）研究了电机带额定负载稳定运行时突然反转工况下的电机性能。分析了初始带载系数、转动惯量系数以及定子电压交换时刻对反转工况下永磁体磁密值变化的影响，发现电机在 t_0 时刻和 t_0+10 ms 时刻交换两相电压时运行状态接近一致。

6　带载方式对永磁感应电机运行状态的影响

至今在所有对 PMIM 研究的参考文献中,均为永磁转子自由旋转,起助磁作用[91-93],不带机械负载,尚未针对永磁转子带载运行情况进行研究。为了研究双转子永磁感应电机永磁转子负载运行的特性,本章将从永磁转子单独带机械负载和双转子带不同负载分配比例(机械负载在鼠笼转子和永磁转子间的分配比例)两个方面,采用有限元法计算并分析 DDPMIM 启动过程中永磁体退磁状况和电机的稳态运行特性等性能。为确保研究的有效性和正确性,探究永磁转子单独带载启动性能时,将鼠笼转子单独带载运行的电机性能参数作为对比参考。

6.1　永磁与鼠笼转子单独带载的性能对比分析

分别建立 DDPMIM 永磁转子和鼠笼转子单独带额定负载转矩启动运行时的有限元模型,图 6-1 显示了 DDPMIM 永磁转子和鼠笼转子单独带额定负载转矩启动运行时,双转子转速的对比变化曲线。从图 6-1(a)中可以看出,相较于鼠笼转子带载运行,永磁转子单独带载运行时的启动能力有所增强,而且由于鼠笼转子自由转动,此时 DDPMIM 类似于自启动永磁同步电机的工作方式,鼠笼转子能以同步速稳定运行,且稳定性要比鼠笼转子单独带载时好。两模型下的定子 A 相电流和永磁体参考点磁密值随时间变化的曲线如图 6-2 所示。从图 6-2 可知,在电机启动过程中,两电机模型的永磁体参考点磁密值变化趋势近乎相同,但永磁转子单独带载运行时的参考点最低磁密值相对较低,退磁风险较大;电机稳定运行时,永磁转子单独带载时的定子电流要小于鼠笼转子带载的定子电流,因此永磁转子单独带载运行有利于铜耗的降低。

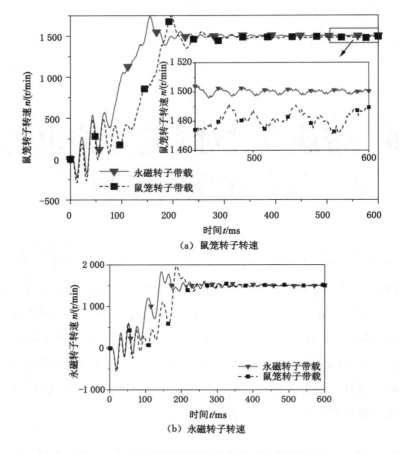

图 6-1　永磁/鼠笼转子单独带载时双转子转速

6.2　带载分配系数在电机启动过程的分析

6.2.1　负载分配比例对启动过程的影响

分别建立鼠笼转子、永磁转子各自单独带 1.5 倍额定转矩的机械负载和鼠笼/永磁转子共同带 1.5 倍额定负载(按着 1/0.5 和 0.5/1 分配比例)四个模型,对比分析电机的启动性能。启动过程中鼠笼转子速度-时间曲线如图 6-3 所示。图 6-3 显示,鼠笼/永磁转子单独带载比鼠笼/永磁转子共同带负载所需的启动时间略短。

6.2.2　启动过程永磁体退磁分析

相对于鼠笼转子单独带载运行而言,永磁转子带载运行时,电机内磁场强弱以及各

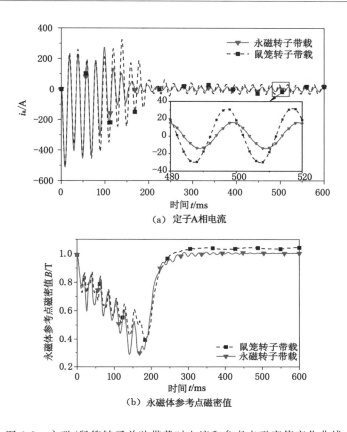

（a）定子A相电流

（b）永磁体参考点磁密值

图 6-2 永磁/鼠笼转子单独带载时电流和参考点磁密值变化曲线

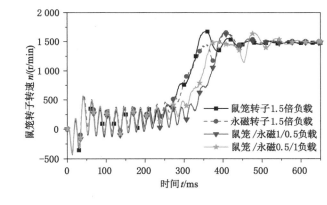

图 6-3 鼠笼转子转速曲线

磁场之间相对位置关系发生变化对电机永磁体的退磁状态有较大影响。下面将分析鼠笼转子单独带载、永磁转子单独带载和鼠笼/永磁转子均带负载时电机启动过程中永磁体的退磁情况。

保持永磁转子自由旋转,鼠笼转子负载启动。保持鼠笼转子自由旋转,永磁转子负载启动时,这两种情况下,永磁体参考点最低磁密值随负载转矩变化曲线如图 6-4 所示。由图 6-4 可以看出,除电机空载运行外,在相同负载系数下,永磁转子带机械负载时永磁体参考点最低磁密值总是小于鼠笼转子带机械负载启动时的最低磁密。并且电机负载系数越大,永磁转子带载启动的电机模型越容易出现永磁体退磁现象。

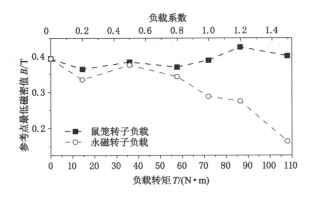

图 6-4　不同负载系数启动时的参考点最低磁密值

保持电机总载荷为额定负载(额定负载为 71.94 N·m)不变,改变鼠笼、永磁转子分配负载比例,如鼠笼/永磁转子负载分配比为 0/1,即表示电机鼠笼转子空载、永磁转子带额定负载。鼠笼转子和永磁转子以不同负载分配比启动时,永磁体参考点最低磁密值如图 6-5 所示。由图 6-5 可见,鼠笼和永磁转子以不同的负载分配比启动时,参考点最低磁密值差别甚大,且无规律性。在鼠笼/永磁转子负载分配比为 0.8/0.2 启动时,参考点最低磁密值为 0.392 T,此配比载荷下的电机模型,永磁体发生不可逆退磁的风险相对小;鼠笼/永磁转子负载分配比为 0.2/0.8 时,参考点最低磁密值为 0.266 T,永磁体发生不可逆退磁风险相对较大。

6.2.3　重载启动过程永磁体内参考点处磁密与转速关系

不同负载分配比例时,电机启动过程中,永磁体参考点磁密随时间的变化曲线如图 6-6 所示。由图 6-6 和图 6-3 可知,电枢绕组通电启动之前,定转子电流以及转速均为 0,参考点的磁密就是永磁体本身产生的磁密,约为 0.993 T;在启动过程中,随着转速上升,磁密呈现波动下降趋势,鼠笼转子负载系数 1.5 和鼠笼/永磁转子负载配比为 1/0.5 的电机模型,在鼠笼转子转速约 0.5 倍同步速(同步速为 1 500 r/min)时,参考点最低磁密值为 0.4 T 和 0.403 T;永磁转子负载系数 1.5 和鼠笼/永磁转子负载配比 0.5/1 的电机模型,在鼠笼转子转速接近同步速时,参考点最低磁密值分别为 0.164 T 和 0.143 T。

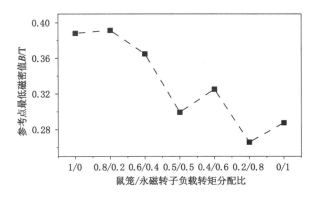

图 6-5　鼠笼/永磁不同负载分配比下参考点最低磁密值

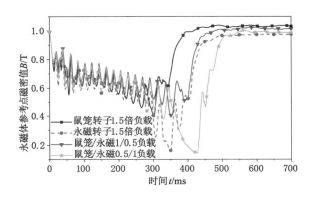

图 6-6　重载启动时永磁体磁密变化曲线

6.3　负载分配比例对电机稳态性能的影响

6.3.1　不同负载系数下电机运行状态分析

保持鼠笼转子自由转动,永磁转子带不同负载系数的负载启动,此时 DDPMIM 类似于自启动永磁同步电机的工作方式。电机永磁转子和鼠笼转子分别单独带不同负载系数的负载运行,其主要稳态性能参数如图 6-7 所示。由图 6-7(a)可知,同一负载系数下,永磁转子负载运行时电机效率要比鼠笼转子负载运行时高。永磁转子和鼠笼转子负载运行时,电机效率最高均出现在负载系数为 0.8 时。而后随着所带载荷的增大,效率开始逐步下降。而永磁转子和鼠笼转子负载运行时的效率差值逐步增大。由图 6-7(b)可知,永磁转子和鼠笼转子带不同负载系数运行时,功率因数整体差别不大,随着输出功率的增加,功率因数先是快速增大而后保持在 96% 以上。空载运行时,定子电流基本上是无功的磁化电流,所以功率因数都比较低;随着输出功率的增加,效率和功率因数逐步增加。图 6-7(c)是电机永磁转子负载运行时,永磁转子的电磁转矩波动 TR,最小转矩波动出现在永磁转子以 0.8 倍额定负载运行时。TR 的计算公式如式(6-1)所示。

$$TR = \frac{\sqrt{\sum_{n=1}^{\infty} T_n^2}}{T_a} \tag{6-1}$$

式中　T_n——转矩 n 次谐波幅值;

　　　T_a——转矩平均值。

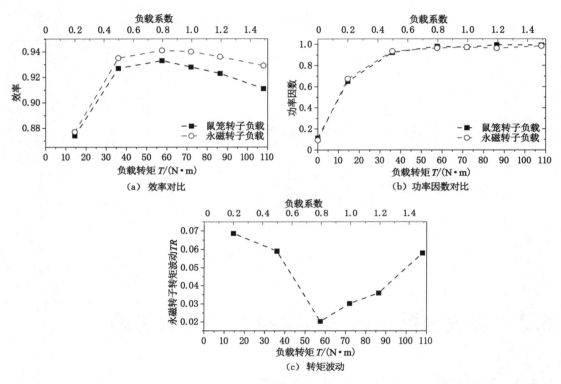

图 6-7　不同负载系数下电机稳态运行性能

6.3.2　鼠笼/永磁转子分带负载分析

保持电机总载荷为额定负载不变,鼠笼/永磁转子分别配以相应占比,通过有限元仿真和计算得到效率、功率因数,如图 6-8 所示。

由图 6-8 可知,在电机总载荷不变情况下,永磁转子所带负载越大,电机的效率越高。在永磁转子带额定负载时,电机效率达到 93.97%。鼠笼/永磁转子分带负载时,效率要高于鼠笼转子单独带额定负载。这是由于随着鼠笼转子带载占比的下降,鼠笼铝

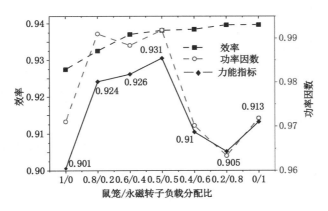

图 6-8   鼠笼/永磁转子不同负载分配比下电机性能

耗明显降低。功率因数整体保持在 96.34％以上，但波动较大且无规律性；在鼠笼/永磁转子负载分配比为 0.5/0.5 时，功率因数最大，为 99.19％；鼠笼/永磁转子负载分配比为 0.2/0.8 时，功率因数最低，为 96.34％。通过力能指标特性曲线（效率和功率因数的乘积）可以看出，力能指标最佳出现在鼠笼/永磁转子各带半载时，为 0.931；鼠笼/永磁转子分带负载运行时，力能指标特性均高于鼠笼转子单独带额定负载的模型。

6.3.3   鼠笼/永磁转子过载对比分析

基于 6.2 节四种模型，对比分析电机过载时的稳态运行性能。由图 6-9(a)可以看出，四种电机模型的效率和功率因数保持在 91.1％和 93.4％以上，表明电机的过载能力强。图 6-9(b)中，表明四种模型的外气隙磁密基波幅值接近相同，约为 0.81 T，且均存在较大的 17 和 19 次谐波。

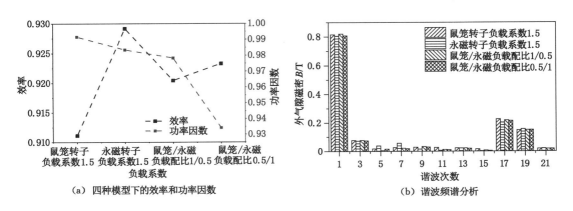

（a）四种模型下的效率和功率因数   （b）谐波频谱分析

图 6-9   电机过载时稳态性能及频谱分析

6.4　本章小结

本章研究了不同负载分配比例下,双鼠笼双转子永磁感应电机启动过程永磁体退磁和电机稳态运行特性,得到以下结论:

(1)永磁转子负载运行时,其永磁体参考点最低磁密值低于鼠笼转子负载运行的电机模型,且随着永磁转子载荷的增大,永磁体发生不可逆退磁的风险越大。在电机额定负载运行下,鼠笼/永磁转子负载分配比为 0.8/0.2 时,参考点最低磁密值为0.392 T,永磁体发生不可逆退磁的风险小;鼠笼/永磁转子负载分配比为 0.2/0.8 时,参考点最低磁密值为 0.266 T,永磁体发生不可逆退磁的风险相对大。

(2)同一负载系数下,永磁转子单独负载运行时的效率要高于鼠笼转子单独负载运行的效率,两模型最高效率均出现在电机单独负载系数为 0.8 时。

(3)电机总载荷为额定负载,永磁转子单独带额定负载运行时效率最高;鼠笼/永磁转子负载分配比为 0.5/0.5 运行时,电机的力能指标特性最佳。

(4)通过对电机过载运行分析发现,鼠笼/永磁转子同时承担部分载荷时的过载能力要比两转子单独带同一载荷时的强。

7　基于磁-热耦合的 DDPMIM 三维全域温度场分析

与传统感应电机相比,DDPMIM 由于加入了助磁作用的永磁转子,不适当的传热设计可能会使得电机永磁体发生退磁,电机的负载能力受温度条件限制,所以对该电机的温度场分析与电磁设计同样重要。通过分析 DDPMIM 在不同情况下的热效应,了解和防止由于过热引起的定子绕组绝缘故障或永磁体退磁故障,为电机的合理使用提供参考。

7.1　电磁场模型的建立及损耗分析

通过第 3 章的设计算法和第 4 章的多目标优化,确定了电机参数。建立电机的电磁场仿真模型如图 7-1 所示。

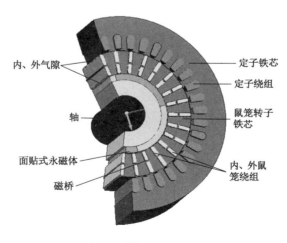

图 7-1　模型 3D 示意图

DDPMIM 的损耗主要包括定子铁耗和铜耗、鼠笼转子铁耗和铝耗、永磁转子铁耗和涡流损耗。本书在进行铁耗计算时采用损耗曲线的方法,即将总损耗作为特定频率下不同位置磁密峰值的函数,将该损耗曲线输入电磁分析软件,可以充分考虑到谐波和磁饱和的影响,提高计算的精度。在热分析中不能忽略永磁体的导电性。本书中使用的永磁体(NdFeB)具有较低的电阻率(为 $1.5\ \mu\Omega \cdot m$),虽然永磁转子以同步速自由旋转,但磁场中的谐波分量会在永磁体内产生涡流损耗。所以,在电磁分析中该部分的损耗也被充分考虑,以提高分析精度。

先利用电磁仿真计算各部件的损耗,进而计算出热源密度,并将其作为温度场分析中各部件的热参数。额定负载下,各部件的热源密度见表 7-1。

表 7-1　各部件的热源密度

部件	热源密度/(W/m³)
定子绕组	497 069
定子铁芯	50 925
外鼠笼导条	785 981
端环	49 363
内鼠笼导条	329 865
鼠笼转子铁芯	9 201
永磁体	5 239
永磁转子铁芯	1 244

7.2　散热系数计算和气隙处理

电机内损耗转换成的热量绝大部分通过对流散失,本书仅对对流传热系数进行研究。在确定传热系数时,将电机简化为不同的区域,并进行单独处理,分别计算传热系数。

7.2.1　机壳表面散热系数

机壳表面散热系数与风速 v 有关,两者间关系如式(7-1)所示[94]。

$$\alpha_1 = 9.73 + 14v_1^{0.62} \tag{7-1}$$

式中　v_1——机壳表面散热翅片风速。

7.2.2　定子端部散热系数

影响定子端部传热系数的因素很多,其中包括:冷却方法、绕组端部的形状和长度、绕组的类型等。国外一些学者进行了相关研究,其计算公式为[95]:

$$\alpha_2 = k_1 \times (1 + k_2 v_2^{k_3}) \tag{7-2}$$

式中　k_1, k_2, k_3——曲线拟合系数,可参考文献[54]中现有的端部冷却相关数据求得;

　　　　v_2——端部风速。

7.2.3　转子端面的散热系数

转子端面散热系数 α_3 如式(7-3)所示[94]。

$$\begin{cases} \alpha_3 = \dfrac{2 Nu_{r1,2} \lambda_a}{D_{r1,2}} \\[2mm] Nu_{r1,2} = 1.67 Re_{r1,2}^{0.385} \\[2mm] Re_{r1,2} = \dfrac{\pi D_{r1,2}^2 n_{1,2}}{120\gamma} \end{cases} \tag{7-3}$$

式中　Nu_r——转子铁芯端面努塞尔特常数;

　　　　Re_r——转子铁芯端面雷诺系数;

　　　　λ_a——空气导热系数;

　　　　D_s——定子外径;

　　　　γ——空气运动黏度系数;

　　　　n——转子转速;

　　　　D_r——转子外径;

　　　　1,2——鼠笼转子和永磁转子。

7.2.4　鼠笼转子端环表面散热系数

鼠笼转子端环通过其端面向端腔内空气散热,换热系数按式(7-4)计算[94]:

$$\begin{cases} \alpha_4 = \dfrac{Nu_{rf} \lambda_a}{h_{rf}} \\[2mm] Nu_{rf} = 0.456 Re_{rf}^{0.6} \\[2mm] Re_{rf} = \dfrac{\pi D_{r1} n_1 h_{rf}}{60\gamma} \end{cases} \tag{7-4}$$

式中　Nu_{rf}——转子端环努塞尔特常数;

Re_{rf}——转子端环气流雷诺数；

h_{rf}——风叶高度。

7.2.5 气隙处理

气隙中空气随转子旋转而流动，使气隙中运动的空气与定、转子表面之间的换热过程比较复杂，本书中的双转子电机包含两层气隙，对气隙中的对流换热计算尤为重要，本书通过在气隙两侧的实体面上建立对流连接来等效它们之间的传热。在计算模型中建立热对流的过程如下：

① 选取外气隙两侧定子和鼠笼转子相靠近的两个面建立边界面；选取内气隙两侧鼠笼转子和永磁转子相靠近的两个面建立边界面。

② 计算出对流传热系数；

③ 选取定子和鼠笼转子建立的边界面建立对流连接；选取鼠笼转子和永磁转子建立的边界面建立对流连接，并将②中计算出的对流系数代入。

涉及的参数计算过程如下[70,96]：

$$\alpha = \frac{Nu \cdot \lambda_a}{\delta} \tag{7-5}$$

式中　α——等效对流传热系数；

　　　Nu——对应的努塞尔特常数；

　　　δ——气隙长度。

通过计算泰勒数 Ta 与普兰特常数 Pr 可得出努塞尔特常数 Nu。

$$Ta = \Omega r^{0.5} \delta^{1.5} / \gamma \tag{7-6}$$

$$Pr = \gamma \rho c / \lambda_a \tag{7-7}$$

式中　ρ——空气密度；

　　　Ω——转子角速度；

　　　r——转子半径；

　　　c——空气的比热容。

对应的努塞尔特常数 Nu 可按式(7-8)求得：

$$\begin{cases} Nu = 2 & Ta < 41 \\ Nu = 0.212 Ta^{0.63} Pr^{0.27} & 41 \leqslant Ta < 100 \\ Nu = 0.386 Ta^{0.51} Pr^{0.27} & Ta \geqslant 100 \end{cases} \tag{7-8}$$

根据电机参数经计算可以得出定子和鼠笼转子间、鼠笼转子和永磁转子间的对流散热系数，如表7-2所示。

表 7-2 对流传热系数

温度/℃	等效传热系数 W/(m² · ℃)	
	外气隙	内气隙
0	97.2	48.6
20	102.8	51.4
40	108.4	54.2
60	114	57
80	119.6	59.8
100	125.6	62.8
120	131.2	65.6
140	137.2	68.6
160	143.2	71.6

7.3 温度场模型的建立

在进行有限元仿真实验时发现,DDPMIM 的启动能力对永磁转子的转动惯量很敏感,所以,在不影响机械强度和磁路性能的情况下,应尽量减小永磁转子的转动惯量,这对于永磁转子的散热也是有利的。通过 7.2 的求解,为温度场模型的建立提供了较为准确的各部位的散热系数及气隙等效对流传热系数,并将电磁场计算的电机各部件损耗作为热源代入温度场的求解程序。

在建模过程中,由于端盖与机座之间热阻很大,且远离热源,所以忽略了端盖部分,并参考文献[96]对定子槽绝缘做了等效处理:将槽内所有铜导线整体等效为一个导热体(等效铜芯);将槽内所有绝缘材料(包括浸渍漆、铜线漆膜、槽绝缘等)等效成另外一个导热体(等效复合层)。将定子槽内材料等效后,其等效复合层的导热系数可按式(7-9)计算得到:

$$\lambda_{eq} = \frac{\sum_i^n \delta_i}{\sum_i^n \dfrac{\delta_i}{\lambda_i}} \tag{7-9}$$

式中 δ_i——第 i 种材料的绝缘厚度;

λ_i——第 i 种材料的导热系数。

定子槽部等效模型如图 7-2 所示。电机各部件材料的热参数如表 7-3 所示,电机的温度场 3D 模型如图 7-3 所示。

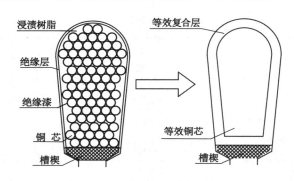

图 7-2 定子槽部的等效热模型

表 7-3 电机材料的热参数

部件	材料	导热系数/(W/(m·℃))	比热容/(J/(kg·℃))
机壳	铝	230	900
定、转子铁芯	DR510	42.5	460
定子绕组	铜	387.7	393.5
鼠笼导条	铝	230	900
永磁体	钕铁硼	9	460

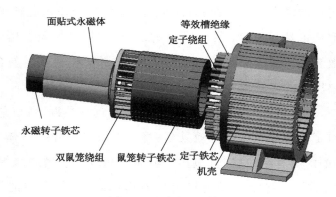

图 7-3 温度场 3D 模型

7.4 三维瞬态温度场计算结果分析

7.4.1 电机额定负载稳态运行时的温度场

本书设计的 DDPMIM 以 Y160M-4 异步电机为基础,两者具有相同的定子结构和散热措施,均采用 B 级绝缘。由于双鼠笼永磁感应电机的温度场分析几乎没有参考资料,为保证研究的正确与有效性,在 7.4.1 节的温度场分析中,将 DDPMIM 的温度场分析与具有完善技术资料的通用型异步电机 Y160M-4 同步进行,并作对比分析。两电机模型额定运行状态下各部件的温度场分布对比如图 7-4 所示(左侧为 DDPMIM,右侧为 Y160M-4),环境温度为 20 ℃。从图 7-4 可以看出:

① 就两种电机整体温度场分布而言,相同额定负载转矩下,DDPMIM 的整体温升明显小于 Y160M-4。这是由于 DDPMIM 永磁转子的助磁作用,励磁电流大幅减小,绕组中电流的减少直接导致了绕组欧姆损耗降低;DDPMIM 的机械特性变硬,鼠笼转子的转差小,其铁芯损耗和转子导条中的欧姆损耗也会减小;另外,气隙对于电机的冷却来说是非常重要的,由于 DDPMIM 存在两层气隙,散热能力明显优于 Y160M-4。

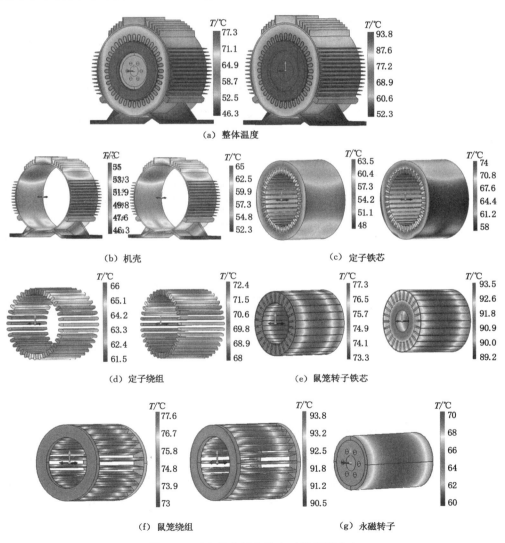

图 7-4 两电机在额定状态时的温度分布

② DDPMIM 和 Y160M-4 电机温度最高的区域均为鼠笼转子,温度最高点出现在电机轴向中心截面的转子导条上,由于鼠笼转子铁芯具有好的导热性能,转子导条温度和铁芯温度相差不大;在定子侧,三相绕组作为重要的热源,温度要高于定子铁芯,接线盒处绕组温度和铁芯部分温度比其他位置温度略高;机壳表面的温度是最低的,同样接线盒处温度略高,这是由于该处接线盒内由于呈封闭状态,散热性能较差。

③ 就 DDPMIM 而言,需要对永磁转子作特别分析,本书虽然精确考虑了永磁体和铁芯上的损耗,但由于永磁转子以同步速自由旋转,损耗值很小,永磁转子上几乎没有热源,温升主要来源于鼠笼转子的热传递,但空气的高热阻率又阻碍了两者之间的热交换,导致永磁转子温度比鼠笼转子低。

两电机额定状态时的定、转子温度最高点的瞬态温度变化如图 7-5 所示。可以看出两电机各部件的温升曲线在初始阶段近似呈线性升高,且趋势明显,随后温度升高趋势放缓,并逐渐达到稳定;两电机鼠笼绕组的初始阶段温升幅度均高于定子绕组,Y160M-4 更为明显;DDPMIM 永磁体的温升最为缓慢,达到最终稳定温度的时间最长,且其温升趋势基本与鼠笼转子一致,这与永磁转子热源较少,温升主要源于鼠笼转子的热传递的理论分析一致。

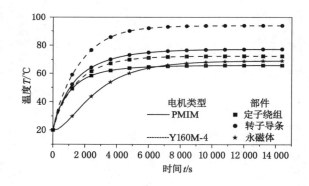

图 7-5 定、转子温度最高点的瞬态温度变化

DDPMIM 轴向中心处,转轴中心沿径向到机壳的温度变化曲面图如图 7-6 所示,由于对气隙的处理是通过在气隙两侧相靠近的两个面建立对流连接来等效它们之间的传热,本书参考文献[72]气隙内的温度变化按沿气隙厚度呈线性变化考虑。由于定子齿、槽的温度差异明显,本书特别指出了分别沿齿部、槽部路径上的温度变化情况,测温路径如图 7-7 所示,路径上从电机轴心沿径向到定子铁芯外边缘的温度情况如图 7-8 所示。

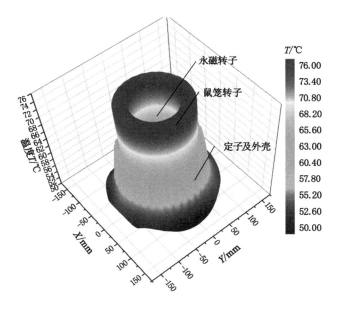

图 7-6 电机整体沿径向的温度变化

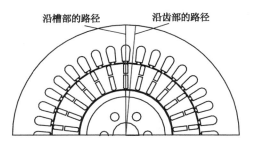

图 7-7 测温路径

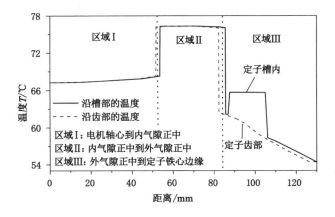

图 7-8 路径上的温度情况

由图 7-6 并结合图 7-8 可以看出,转轴中心到永磁体外表面,温差很小,几乎在同一等温面上;永磁体表面到鼠笼转子经过 1 mm 的气隙,出现了较大的温差;鼠笼转子由于导条上的高热源密度,且由于内外两层气隙的高热阻率,使得鼠笼转子温度最高,由于转子铁芯具有良好的径向导热性能,导条和铁芯沿径向温差变化很小;鼠笼转子和定子之间由于外气隙的存在,温度再次出现较大差异;在定子侧,由于铁芯和散热翅片良好的导热性能,使得绕组产生的热量能很好的沿径向散出,定子径向温差较大。另外,绕组发热量大及等效绝缘层较差的导热能力,使得齿、槽温度差异明显,槽内温度较高,齿上温度较低;最后,机壳上接线盒、底座等部件的存在,使得机壳散热并不完全均匀,不同径向上温度存在差异,尤其是靠近机壳的定子铁芯轭部差异明显。

7.4.2 额定负载分配比下电机温度分布

以鼠笼/永磁转子分别配以 0.8/0.2 倍、0.5/0.5 倍、0.2/0.8 倍负载三种电机模型为例,研究电机总载荷为额定负载下,电机的温度分布。三种电机模型主要部件的最高温度值分布如表 7-3 所示。由表 7-3 可知,保持电机总载荷为额定负载不变,鼠笼/永磁转子同时带一定比例负载运行时,整体温度分布低于鼠笼转子单独带额定负载的模型,且永磁转子占比越大,电机整体温度值越低。鼠笼/永磁转子在负载分配比为 0.2/0.8 时,最高温度值相比于鼠笼转子单独带额定负载时降低 21.88%,相比于永磁转子单独带额定负载时降低 1.4%。

表 7-3 三种配比负载模型主要部件的最高温度值

部件	0.8/0.2 倍	0.5/0.5 倍	0.2/0.8 倍
机壳	51.9 ℃	50.5 ℃	49 ℃
定子铁芯	58.7 ℃	56.8 ℃	54.7 ℃
定子绕组	61 ℃	59.4 ℃	57.5 ℃
鼠笼转子铁芯	74.1 ℃	69.2 ℃	63.3 ℃
转子铝条	74.1 ℃	69.1 ℃	63.3 ℃
转子端环	72.7 ℃	69.1 ℃	62.1 ℃
永磁体	66.4 ℃	62.2 ℃	57 ℃
永磁转子铁芯	66.1 ℃	61.9 ℃	56.8 ℃
轴	65.5 ℃	61.4 ℃	54.5 ℃

7.4.3 DDPMIM 不同负载下稳态运行时的温度场

电机不同负载稳态运行时各部件温度变化如图 7-9 所示。由图可以看出,随着电机负载的增大,定子绕组、转子导条、永磁体以及电机机壳的温度随之升高,且呈现出近似指数规律上升的趋势,即负载越大温度升高越快;不同负载下,电机的温度最高点总是在转子导条上,永磁体次之,随后是定子绕组。温度最低的位置为机壳。随着负载的增加,转子导条温升幅度最大,机壳上的温升幅度最小,使得电机整体的温差越来越大,空载和 120% 负载运行时,转子导条上的最高温度分别为 46.86 ℃ 和 92.61 ℃,机壳上的最高温度分别为 34.88 为 64.63 ℃,转子导条上和机壳上的温差分别为 11.94 ℃ 和 27.98 ℃;额定负载时鼠笼绕组最高温度为 77.30 ℃,定子绕组最高温度为 65.93 ℃,永磁体最高温度为 69.15 ℃,对于采用 B 级绝缘来说,有很大的温升裕度;电机过载运行后,各部件的温升幅度加剧,120% 负载时,转子导条最高温度达到 92.61 ℃,定子绕组最高温度达到了 79.6 ℃,永磁体的最高温度也到达了 82.2 ℃,虽然温升仍在可接受范围内,但考虑到过载后温升幅度的急速加剧,过载程度不宜过高。

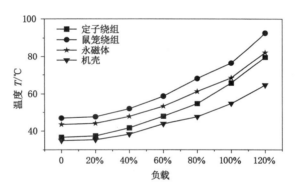

图 7-9　电机各部件温度与负载的关系曲线

7.4.4　电机过载运行状态下的温度场分析

基于 6.2 节四种模型,计算得到电机主要部件的温度分布如图 7-10 所示。由图 7-10 可知,四种电机模型最高温度值均出现在鼠笼铝条上,鼠笼转子负载系数为 1.5 运行的电机模型温度最高,永磁转子负载系数 1.5 运行时,电机各部分温度值相对低。鼠笼转子负载系数为 1.5 时,永磁体温度为 106.4 ℃,永磁转子负载系数为 1.5 时永磁体的温度也达到 80.1 ℃,虽然温度仍在可接受范围内,但考虑到永磁转子过载运行时永磁体发生不可逆退磁的风险已然很大,过高的温度只会使风险进一步增大。故实际运行中,应避免电机过载。

7.4.5　环境温度对 DDPMIM 温度场的影响

电机额定负载运行时,环境温度对电机温度场的影响如图 7-11 所示,可以看出,环

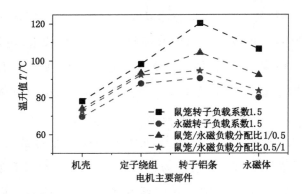

图 7-10 电机过载运行下主要部件温度

境温度改变时,电机各部件的温升并非完全呈线性增加,以鼠笼导条温度为例,环境温度为 0 ℃时,鼠笼导条中温度最高点为 52.33 ℃,当环境温度分别为 20 ℃和 40 ℃时,该值分别为 77.3 ℃和 91.64 ℃,温差分别为 24.97 ℃和 14.34 ℃,这是由于随着温度升高气隙等效传热系数的增大。环境温度对电机温升影响明显,使用时应考虑环境温度,并应适当考虑电机温度随环境温升的非线性增加。

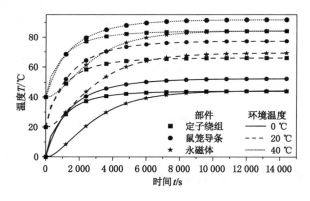

图 7-11 环境温度对电机温度场的影响

7.5 永磁体的高温退磁及退磁对电机温升的影响

7.5.1 高温重载下的退磁研究与退磁区域预估

实际工作中,永磁电机永磁体发生不可逆退磁是由多种因素共同作用造成的,当电机的工作温度过高时,永磁体的退磁曲线将在第二象限出现拐点,且随着温度的升高,该拐点的值也逐渐增大,将增加永磁体不可逆退磁的风险[37,50,56]。本书使用的永磁材料的退磁曲线如图 4-11 所示。

　　本节将对 DDPMIM 模型在高温重载条件下（带 1.5 倍额定负载和 5 倍转动惯量，130 ℃工作温度）进行模拟退磁研究，并给出该条件下的退磁区域预估。该温度下永磁体的退磁曲线拐点磁密约 0.24 T（参见图 4-11），低于此拐点则认为永磁体出现不可逆退磁。退磁预估发现，永磁体的退磁区域易出现在磁极的中部，故将磁极中部的 A 点作为退磁研究的对象，如图 7-12 所示。

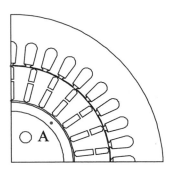

图 7-12　永磁体参考点

　　高温重载条件下电机启动过程的转速曲线和参考点 A 处的磁密变化曲线如图 7-13 所示。由图 7-13 可知，永磁体在电机启动过程中更容易发生不可逆退磁，高温重载条件下电机的启动时间较长（约 1 180 ms），且在转速较低时，因转差率 s 较大，永磁体的磁密波动更快。随转速升高，当鼠笼转子转速达到 67% 同步速（1 005 r/min）时，退磁作用最强；而当电机稳定运行后，永磁体参考点的磁密基本稳定不变，不易发生退磁。图 7-13（b）中，永磁体参考点最低磁密点 C 为 0.191 T，D 点为次最低磁密点（0.301T）。C 和 D 点对应时刻的退磁区域，如图 7-14 所示。从图 7-14 退磁区域图中可以看出永磁体的退磁区域出现在磁极的中部。

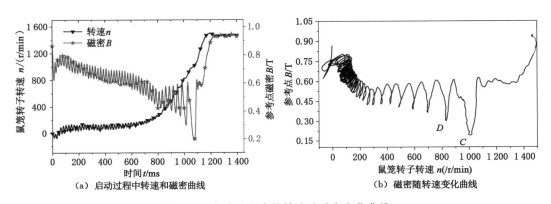

（a）启动过程中转速和磁密曲线　　　　（b）磁密随转速变化曲线

图 7-13　启动过程中的转速及磁密变化曲线

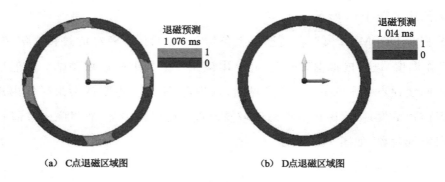

(a) C点退磁区域图   (b) D点退磁区域图

图 7-14   极端条件启动过程永磁体退磁预估图

7.5.2   退磁后模型的建立及温度场分析

参考 7.5.1 节中的极端条件下的退磁预估结论,建立了退磁后的永磁体模型,如图 4-16 所示。对永磁体退磁后的电机模型在环境温度为常温(20 ℃),额定负载的情况下进行了温度场分析。永磁体退磁后电机的温度分布如图 7-15 所示,退磁后电机的定、转子温度最高点的瞬态温度变化如图 7-16 所示。

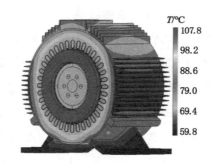

图 7-15   退磁后电机的温度分布

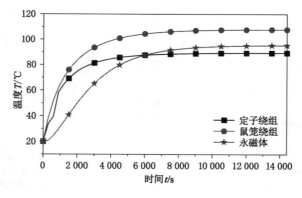

图 7-16   退磁后电机的瞬态温度

就退磁前后电机整体温度场分布而言,退磁后的整体温升明显高于退磁前。这是因为永磁体退磁后,永磁磁场励磁作用减弱,定子绕组励磁电流增大,电机损耗增加,效率下降,温度升高。另外,对比图 7-5 所示永磁体退磁前电机各部件的温度变化,可以看出,永磁体退磁前后定子绕组上的最高温度分别为 65.93 ℃和 89.3 ℃,鼠笼转子导条上的最高温度分别为 77.30 ℃和 108 ℃,永磁体上的最高温度分别为 69.15 ℃和 95.2 ℃。永磁体退磁后,各部件的温度较退磁前均上升了 30 ℃以上,电机温度更高,将导致永磁体的进一步退磁。这样恶性循环的结果将导致电机彻底报废。

7.5.3　不同带载方式下永磁体退磁对电机温度场的影响

基于 4.3～4.5 节中的极端条件下永磁体不可逆退磁的电磁场模型,讨论在环境温度为常温(20 ℃)、电机额定负载的情况下,永磁体不可逆退磁对电机温度分布的影响。

图 7-17 和图 7-18 分别显示了永磁体发生不可逆退磁前后,DDPMIM 鼠笼转子(带载方式一)和永磁转子(带载方式二)分别单独带额定负载稳定运行时的温度分布情况;在电机总载荷为额定负载,鼠笼/永磁转子配以 0.5/0.5 倍负载(带载方式三)稳定运行时,永磁体退磁前后的电机温度分布如图 7-19 所示。图 7-20(a)、(b)和(c)分别对应三种带载方式下永磁体退磁前后,电机主要部件温度最高点的瞬态温度变化。

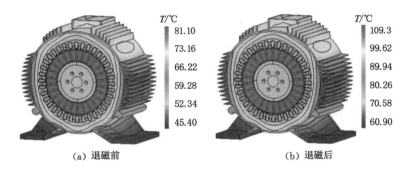

（a）退磁前　　　　　　　　　　　（b）退磁后

图 7-17　鼠笼转子负载运行退磁前后电机温度分布

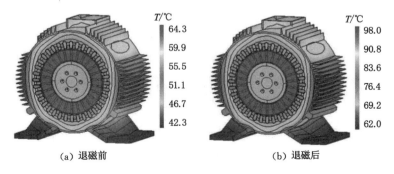

（a）退磁前　　　　　　　　　　　（b）退磁后

图 7-18　永磁转子负载运行退磁前后电机温度分布

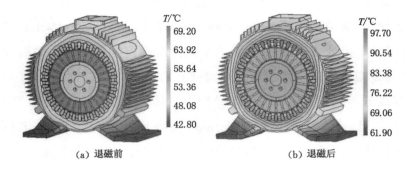

(a) 退磁前　　　　　　　　　(b) 退磁后

图 7-19　鼠笼/永磁转子配以 0.5/0.5 倍负载运行时退磁前后电机温度分布

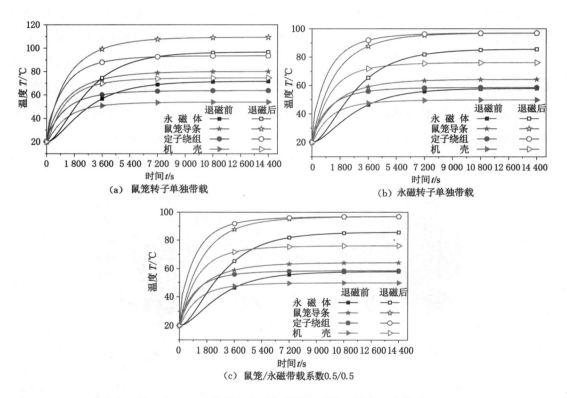

图 7-20　三种带载方式下永磁体退磁前后瞬态温度对比

就永磁体退磁前后电机整体温度分布而言,退磁后的电机整体温度明显高于退磁前,各部件温升差异最大的是定子绕组。这是因为永磁体退磁后,永磁磁场励磁作用减弱,定子绕组励磁电流增大,电机损耗增加,温度升高。永磁体退磁后,带载方式一、方式二及方式三状态下电机最高温度分别为 109.26 ℃、96.94 ℃和 96.67 ℃,较于退磁前分别上升了 29.26 ℃、32.72 ℃和 27.53 ℃。

结合图 7-20 可以看出,在三种带载方式下,退磁前鼠笼导条最高温度均高于定子绕组。其中,带载方式一,鼠笼导条和定子绕组的最大温差值为 16.27 ℃;带载方式二,两者最大温差值为 5.65 ℃;带载方式三,两者最大温差值为 9.77 ℃。退磁后,带载方式一,鼠笼导条最高温度比定子绕组高了 15.78 ℃;带载方式二和方式三,鼠笼导条和定子绕组的最高温度接近一致。这是因为退磁后,电机以带载方式一状态下工作时,铝条损耗为第一热源,电机最高温度也集中在鼠笼转子侧;电机以带载方式二和方式三工作时,绕组铜耗增长幅度大,定子绕组和鼠笼导条成为电机主要热源。三种带载方式下,永磁体的温升最为缓慢,温度稳定所需时间最长;相较于退磁前,退磁后的永磁体最高温度分别为 96.65 ℃、85.52 ℃ 和 84.8 ℃。永磁体区域过高的温度会导致永磁体出现更大范围的不可逆退磁,如不采取有效措施,电机将陷入恶性循环直至报废。

7.5.4　永磁体不同退磁程度对电机温升的影响

DDPMIM 中永磁体不可逆退磁对其稳态运行性能及电机温度分布产生很大影响。为降低电磁场求解的复杂性,本节在分析永磁体不同退磁程度对电机温升影响的过程中,假设永磁体各部分均匀退磁,局部退磁状况一致。分别研究在无退磁、退磁 5%、退磁 10%、退磁 25%、退磁 30% 状况下的温度场分布。

电机额定负载运行时,永磁体不同退磁程度对电机温升的影响如图 7-21 所示。可以看出,退磁对各部件的温度影响很大,退磁程度越高,电机各部件温度越高,和未发生退磁时的情况相比,温升的主要差异在于定子绕组。原因在于永磁体发生退磁后,永磁转子的励磁作用减弱,定子绕组需提供更大的励磁电流,势必引起定子绕组电流的增大,即绕组铜耗增加。不同退磁程度时定子绕组电流如图 7-22 所示,验证了该结论;退磁发生时,电机温升并非随退磁而线性增加,在没有发生退磁到退磁 10% 段,温升幅度较为剧烈,退磁 10% 到 20% 段稍缓,退磁 20% 到 40% 段温升幅度再次变大;就整体温度而言,退磁越多,温度越高,而温升又会引起永磁体发生进一步的退磁,这是一种恶性循环,当退磁到 30% 时,电机最高温度在鼠笼导条上,达到 134 ℃,已经超过了 B 级绝缘所允许的范围。因此 DDPMIM 在使用时要注意检测永磁体的退磁程度,避免因为退磁引起的温度过高而导致的损坏。

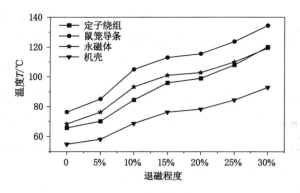

图 7-21　不同退磁程度时的温度

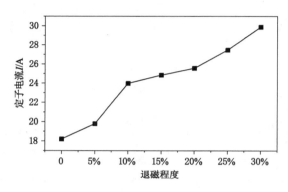

图 7-22　不同退磁程度时定子绕组电流

7.6　本章小结

　　本书的 DDPMIM 是以通用型异步电机 Y160M-4 为基础,采用磁-热耦合分析的方法研究了 DDPMIM 三维全域温度场分布,得到如下结论:

　　(1)通过两电机的温度场对比分析,两者定子温度最高的位置均为绕组,转子最高温度位置为鼠笼转子导条;相同额定负载转矩下,DDPMIM 的整体温升明显小于 Y160M-4,定、转子温度在开始阶段几乎呈线性增大,随后温升趋势变缓并逐渐趋于稳定,鼠笼转子温度均高于定子。

　　(2)DDPMIM 额定负载下稳定运行时,气隙两侧(即定子与鼠笼转子之间,鼠笼转子与永磁转子之间)温度差异较大;鼠笼转子和永磁转子整体径向温差不大,定子侧齿、槽温度差异明显,槽内温度较高;机壳散热并不完全均匀,局部温度存在差异。

　　(3)DDPMIM 额定负载下稳态运行时有较大的温升裕度,能延长电机的使用寿命,并提高电动机运行的可靠性;较大的温升裕度,为电机的过载运行提供了一定的允许条件,但考虑到永磁体的高温退磁,电机实际运行时,过载程度不宜过高且过载运行时间不宜过长。

(4) 保持电机总载荷为额定负载不变,鼠笼/永磁转子同时带一定比例负载运行时,整体温度分布低于鼠笼转子单独带额定负载的模型,且鼠笼/永磁转子配以 0.2/0.8 倍负载时,电机温度值相对低。

(5) 电机永磁转子负载系数为 1.5 时,在鼠笼转子转速接近同步速时,参考点磁密值相对低,为 0.164 T;永磁转子温度也达到 80.1 ℃,增大永磁体退磁风险。

(6) 环境温度对电机温升影响明显,电机使用时应考虑环境温度的影响,并应适当考虑电机温升随环境温升非线性增加这一因素。

(7) 永磁体退磁对电机性能影响大。就永磁体退磁前后电机整体温度分布而言,退磁后的电机整体温度明显高于退磁前,永磁体退磁程度越高,电机温度越高,各部件温升差异最大的是定子绕组。退磁前后,电机的带载方式也对电机整体温度分布有很大的影响。

8　性能对比分析

8.1　DDPMIM 和 PMIM、普通感应电机特性对比分析

本书研究的 DDPMIM 和单鼠笼永磁感应电机均是以型号为 Y160M-4 的普通异步电动机为基础的。为了使研制的 DDPMIM 的性能与普通异步电机作一个合适的比较，三台电机的定子铁芯和定子绕组相同，并保证定子与笼型转子具有相同的气隙长度。仿真模型截面如图 8-1 所示。

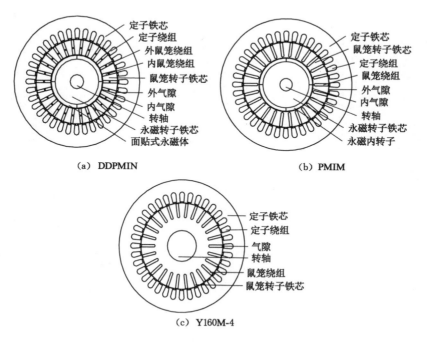

图 8-1　仿真模型截面图

8.1.1 DDPMIM 和 PMIM、Y160M-4 电磁场分析

DDPMIM 空载稳定运行时,磁力线分布及磁通密度如图 8-2 所示,气隙磁密波形如图 8-3 所示。为了把 DDPMIM 的磁力线分布和普通感应电机做一个直观的比较,用同样的方法对普通感应电动机作电磁磁场分析,其磁力线分布及磁通密度如图 8-4 所示,气隙磁密波形如图 8-5 所示。

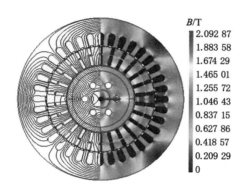

图 8-2 DDPMIM 磁力线分布及磁通密度

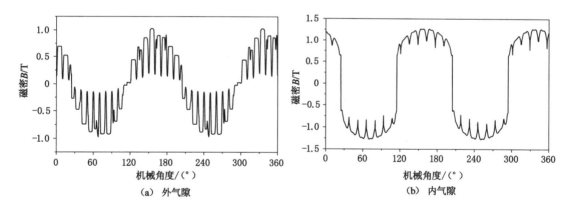

图 8-3 DDPMIM 气隙磁密波形

通过图 8-3 和图 8-5 可以看出,在外气隙处,DDPMIM 和 Y160M-4 的磁感应强度基本相同,但 Y160M-4 的磁场仅由定子绕组电流产生,而 DDPMIM 建立气隙磁场由定子绕组电流和永磁体共同产生,因而,DDPMIM 励磁电流将会减小,进而提高了功率因数。表 8-1 所示的仿真结果验证了此结论。

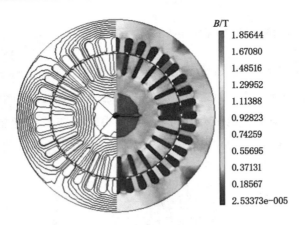

图 8-4　Y160M-4 气隙磁感应强度图

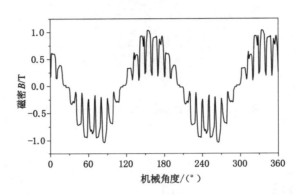

图 8-5　Y160M-4 气隙磁密波形

表 8-1　三种电机在不同负载下的相电流有效值(A)

负载	Y160M-4	PMIM	DDPMIM
空载	8.943	4.055 4	4.382 1
20%负载	9.68	5.774 27	5.395
40%负载	11.185 3	8.542	7.958 7
60%负载	14.059 5	11.701 4	11.248
80%负载	17.469 3	15.820 5	15.098 3
额定负载	22.23	19.311	18.902

8.1.2　DDPMIM 和 PMIM、Y160M-4 启动性能分析

在文献[15]中提到,单鼠笼永磁感应电机的启动比普通异步电动机困难。本书所采用的双鼠笼的结构有利于改善 PMIM 的启动性能。图 8-6 显示了普通异步电机,单

鼠笼 PMIM 及本书研究的 DDPMIM 空载启动时的速度曲线,由速度曲线可以看出,单鼠笼 PMIM 启动困难,在近 400 ms 的时候速度才基本趋于稳定且波动时间较长,本书的 DDPMIM 就启动时间而言,和普通异步电机基本相同,在一定程度上改善了单鼠笼 PMIM 启动困难的问题。

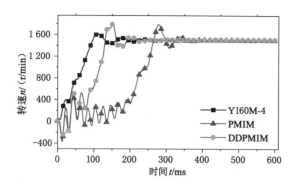

图 8-6 空载启动速度曲线对比

为了进一步验证 DDPMIM 的启动性能,我们把 DDPMIM 在发电机型负载下的启动能力与其他电机做了对比分析。发电机型负载的增加随转速从零到 1 500 r/min 呈线性增长至额定负载 71.94 N·m,总负载转动惯量为转子惯量的 5 倍。从图 8-7 中看出,DDPMIM 在发电机类型的负载和 5 倍转子转动惯量(J_r)下仍能较快启动,启动能力比普通异步电机稍差,比单鼠笼 PMIM 有较大改善。

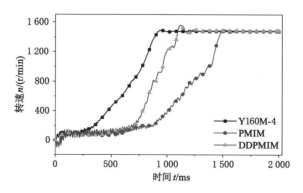

图 8-7 发电机类型的负载,5×J_r 下的启动能力对比

8.1.3 DDPMIM 和 PMIM、Y160M-4 稳态性能分析

为了进一步将本书所述 DDPMIM 与单鼠笼 PMIM 及普通感应电机进行特性对比,利用有限元分析软件对三种电机分别在空载,20%负载,40%负载,60%负载,80%

负载和100%负载（额定负载转矩）下的运行状况进行进一步的仿真，并对仿真结果进行分析计算，分别得到了三种电机的功率因数、效率以及机械特性曲线分别如图8-8、图8-9和图8-10所示。

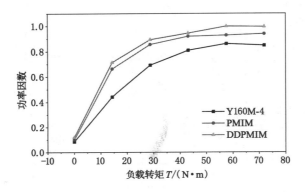

图 8-8　功率因数对比曲线

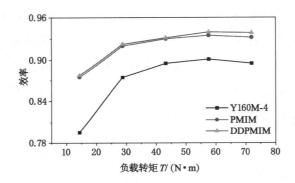

图 8-9　效率对比曲线

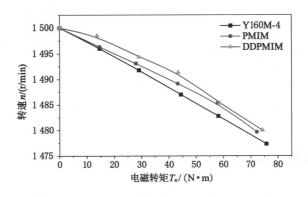

图 8-10　机械特性对比曲线

永磁感应电机较普通感应电机改善功率因数效果明显,且在 20％～60％ 负载时改善效果最好,大幅改善了感应电动机在轻载时功率因数低的弊端,验证了永磁感应电机相较于普通感应电机能够提高功率因数的理论观点。对比双鼠笼和单鼠笼永磁感应电机的功率因数,可以看出,DDPMIM 的功率因数比单鼠笼的进一步提高,其原因在于双鼠笼结构永磁极所产生磁场的主磁通的一部分可以经内气隙与双鼠笼间磁桥,与内鼠笼绕组相交链,从而利用这一部分磁通,提高了永磁体材料的利用率,使得功率因数进一步提高。

永磁感应电机较普通感应电机效率有较大提高,其主要原因在于励磁电流的减小使得定子铜耗减小,随着负载的增加,电流中的有功分量所占比例逐渐增大,改善效率的作用逐渐减小。另外,由于双鼠笼的结构提高了永磁体的磁场利用率,使得励磁电流较单鼠笼结构小,定子铜耗比双转子单鼠笼的要小,故效率稍微提高,且在较宽的负载转矩范围内保持较高的效率。

从机械特性看,永磁感应电机的机械特性的硬度提高,在相同负载下,电机的转差率 s 变小,那么因转差引起的功率损耗也将减小,这也是永磁感应电机效率提高的原因之一,从图可以看出,双鼠笼结构的机械特性最硬,机械特性的硬度的提高也标志着电机过载能力提高。

8.1.4　小结

本节对 DDPMIM 启动性能及运行特性进行分析。有限元仿真表明:

DDPMIM 启动能力较单鼠笼 PMIM 有明显的改善,略差于普通鼠笼电机;永磁感应电机在较宽的速度范围内具有较高的运行效率和功率因数,明显优于普通鼠笼电机;而双鼠笼结构的 PMIM 的永磁体利用率更高,效率和功率因数高于单鼠笼 PMIM。双鼠笼结构的机械特性最硬。

8.2　DDPMIM 与 LSPMSM 特性对比分析

为了能够把 LSPMSM 与 DDPMIM 做一个合适的比较,LSPMSM 仿真模型采用了与 DDPMIM 模型相同的定子铁芯。电机的截面如图 8-11 所示,电机模型参数如表 8-2 所示。

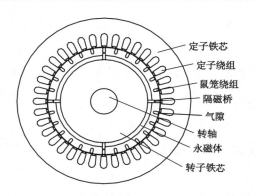

图 8-11　LSPMSM 仿真模型截面图

表 8-2　LSPMSM 仿真模型参数

部件	参数(单位)	值
定子	外径/mm	260
	内径/mm	170
	轴向长度/mm	124
	槽数	36
	线圈匝数	17
转子	气隙长度/mm	0.5
	外径/mm	169
	槽数	28
	永磁体极数	4
	永磁体厚度/mm	6.5
	极弧系数	0.998
	永磁体矫顽力/(kA/m)	930

8.2.1　DDPMIM 与 LSPMSM 电磁场分析

本节分别对 DDPMIM 和 LSPMSM 进行了有限元仿真分析,在电机空载稳定运行时,DDPMIM 的外气隙磁密波形如图 8-12(a)所示,LSPMSM 的气隙磁密波形如图 8-12(b)所示。由图 8-12(a)可以看出,DDPMIM 外气隙的磁通密度波形正弦性较好。永磁同步电机的理想运行是正弦变化的定子电流与正弦分布的气隙磁场相互作用产生恒定的电磁转矩[98],而对于 LSPMSM,图 8-12(b)表明,其空载气隙磁场接近矩形波。将两者气隙波形分别进行傅里叶分解后,其各次谐波幅值如图 8-13 所示,可以看出 LSPMSM 气隙磁场基波幅值比 DDPMIM 大,这是由于 DDPMIM 为双转子的结构,存在两层气隙,增大了励磁回路的磁阻,但是 LSPMSM 气隙磁场含谐波成分较多,直接影响电机性能。

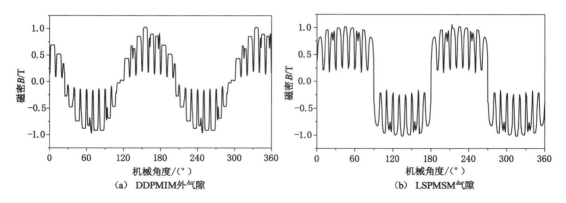

（a）DDPMIM外气隙　　　　　　　　（b）LSPMSM气隙

图 8-12　气隙磁密波形

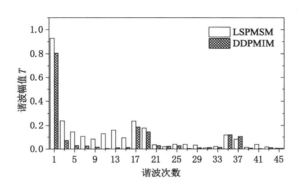

图 8-13　气隙磁场谐波幅值比较

8.2.2　DDPMIM 与 LSPMSM 启动性能分析

图 8-14 显示了 DDPMIM 和 LSPMSM 空载启动过程的速度曲线，由速度曲线可以看出，LSPMSM 空载启动到达稳定速度的时间较快，但其稳定后速度曲线并不如 DDPMIM 平滑。图 8-15 显示了 DDPMIM 和 LSPMSM 额定负载启动时的速度曲线及稳定运行时的速度波动对比，可以看出 LSPMSM 在 400 ms 时达到稳定速度，而 DDPMIM 用时约 500 ms，但 LSPMSM 速度波动较 PMIM 大。

图 8-16 为电机空载启动时电磁转矩的变化情况，可以看出，电机稳定运行后，LSPMSM 存在明显的转矩波动，这是由于 LSPMSM 气隙磁密正弦性较差，含有较多谐波成分，谐波磁场在定子绕组中产生谐波电动势和谐波电流，另外还有齿槽转矩的原因，使电机的电磁转矩波动较大。这种波动会引起电机的振动、噪声甚至是运行故障，对电机是十分不利的，而 DDPMIM 的转矩波动明显要小。

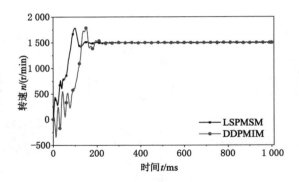

图 8-14 空载启动速度曲线对比

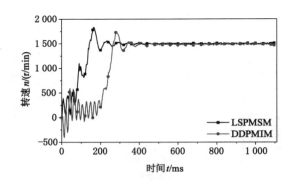

图 8-15 额定负载启动速度曲线对比

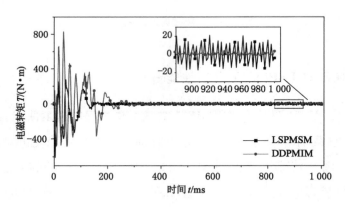

图 8-16 空载启动电磁转矩-时间曲线

随后,把 LSPMSM 和 DDPMIM 在发电机类型负载下的启动能力做了对比分析。发电机类负载随转速从 0 到 1 500 r/min 转矩按线性规律从 0 增长至额定负载 71.94 N·m,总负载转动惯量为转子惯量(其中 DDPMIM 为鼠笼转子)的 5 倍。从图 8-17 中看出,LSPMSM 在该负载和 5 倍转子转动惯量下牵入同步能力较差,直到

1 700 ms 转速才逐渐趋于稳定,而 DDPMIM 启动能力较好。

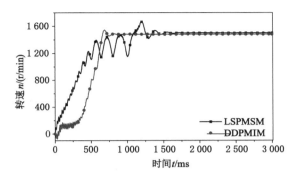

图 8-17 发电机类型的负载,$5 \times J_r$ 下的启动能力对比

进一步提高负载转矩,当发电机类负载转速从 0 到 1 500 r/min 过程负载转矩按线性从 0 增长至 180 N·m,总负载转动惯量为转子惯量的 5 倍时,启动速度曲线如图 8-18 所示,可以看出,LSPMSM 虽然启动转矩较大,刚启动时加速度较大,但是由于负载转矩随速度大幅增大,使得 LSPMSM 不能到达同步速,这也正是对 LSPMSM 设计时的一大难题,即启动转矩和同步能力之间的冲突,需要折衷选择。而 DDPMIM 在这样随速度递增的负载转矩下的启动能力良好且在这样大的负载转矩下其转差率只有0.028,机械特性硬。另外 DDPMIM 在这种情况下效率为 0.806,而 LSPMSM 无法迁入同步,使其工作在异步状态,转速波动大,效率仅为 0.499 6,故 DDPMIM 适用于风机水泵等负载随转速快速增大且需要电机长期运行的场合。

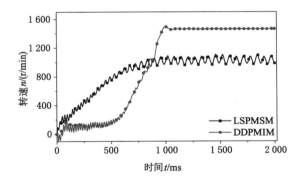

图 8-18 高发电机类型的负载,$5 \times J_r$ 下的启动能力对比

8.2.3 DDPMIM 与 LSPMSM 损耗分析

本节主要对 DDPMIM 和 LSPMSM 定、转子铁芯损耗进行分析。表 8-3 为 DDPMIM 和 LSPMSM 分别在空载和额定负载下得铁芯损耗。

表 8-3　DDPMIM 和 LSPMSM 空载和额定负载下的铁芯损耗(W)

负载	DDPMIM		LSPMSM	
	定子	转子	定子	转子
空载	158.39	14.2	168.9	11.2
额定负载	158.78	34.1	162.9	18.08

由表 8-3 可以看出,LSPMSM 在稳定运行后,其转子铁芯内仍有铁耗,这一方面由气隙磁场的谐波成分产生。另一方面由于谐波磁场在定子绕组中产生谐波电动势和谐波电流,使电机的电磁转矩波动进而造成速度波动,进一步增加了铁芯损耗。DDPMIM虽然是异步速工作,但由于其机械特性硬,转子铁耗并不大。

8.2.4　DDPMIM 与 LSPMSM 稳态性能分析

两电机的效率和功率因数对比分别如图 8-19 和图 8-20 所示。

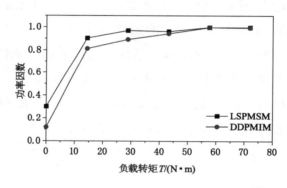

图 8-19　效率对比

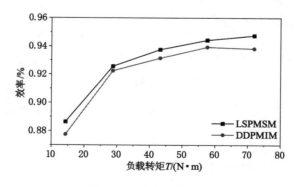

图 8-20　功率因数对比

由图 8-19 可以看出，LSPMSM 和 DDPMIM 两种电机都有较高的效率，且 LSPMSM 的效率更高，其主要原因在于定子绕组的电阻小，定子铜耗减小，另外，虽然其气隙磁场谐波成分较高及转速波动引起鼠笼绕组中存在铜耗，但相较于以异步速工作的 DDPMIM 其转子铜耗仍然较小。此外，两种电机均在较宽的负载转矩范围内保持较高的效率。

由图 8-20 可以看出，LSPMSM 和 DDPMIM 由于均存在永磁体励磁，功率因数很高，且在 20％额定负载转矩后基本到达 1，大幅改善了异步电机在轻载时功率因数低的弊端。由于 DDPMIM 为双转子的结构，存在两层气隙，增大了励磁回路的磁阻，导致其效率和功率因数均不如 LSPMSM。

8.3　本章小结

本章对 DDPMIM 和 LSPMSM 进行了对比研究，对其启动性能及运行特性进行分析。有限元仿真表明：LSPMSM 在恒转矩负载下启动能力优于 DDPMIM，而 DDPMIM 在负载转矩随转速快速增加负载下启动能力较好；LSPMSM 气隙磁场谐波成分较大，导致其存在明显的转矩波动，稳定运行时存在速度波动，而 DDPMIM 的转矩波动小，使得速度更为平滑；两种电机均在较宽的速度范围内具有较高的运行效率和功率因数，高效节能。

9 总结与展望

9.1 全书总结

本书对一种新型的高效电机——双转子双鼠笼永磁感应电机进行研究,主要研究内容包括:DDPMIM 的设计计算、多目标优化设计、永磁体退磁机理的分析,DDPMIM 正常启动过程中永磁体退磁的研究、DDPMIM 非正常运行工况下电机的运行状态和永磁体退磁分析、讨论了带载方式对 DDPMIM 运行状态的影响、三维全域温度场分析,并将优化后的电机模型与传统单鼠笼永磁感应电机、普通异步电机和自启动永磁同步电机进行了一系列的对比分析,现对所做工作总结如下:

(1) 对 DDPMIM 的拓扑结构和工作原理进行了简要说明。从理论上分析了 DDPMIM 的磁场交链情况,有利于提高永磁体的利用率,并改善电机的启动和运行性能。建立了电机的等效电路,并给出永磁感应电机在 dq 坐标系下的数学模型方程并对相关参数予以说明。通过分析等效电路矢量图及数学模型中的磁链方程、转矩方程,为永磁感应电机改善普通感应电机性能提供较强的理论依据。结合感应电机和永磁同步电机的设计方法,研究永磁感应电机的设计算法。借鉴已有资料,在最接近待设计的电机上进行适当改进,进行初步设计时,定子参数参考 Y 系列异步电机 Y160M-4,对定子结构尺寸,绕组类型,导线线规,进行了初步的设计计算;采用等效磁路法对永磁转子上永磁体的尺寸进行估算;利用有限元的方法解决双鼠笼转子参数设计中的难点,并提供合理的参数优化取值范围。

(2) 采用 Taguchi 方法和响应曲面法对设计的电机进行了多参数多目标优化。采用 Taguchi 对电机结构参数进行初步筛选。利用响应曲面法,建立效率、功率因数和转矩波动与各参数间关系的数学模型,通过求解数学模型确定该电机的最佳设计方案。

最后采用有限元的方法验证了上述设计和优化方法的正确性及双鼠笼永磁感应电机性能的优越性,为永磁感应电机的分析设计与优化提供了有价值的参考。

（3）对 DDPMIM 的永磁体退磁机理进行了介绍,研究了 DDPMIM 启动过程中永磁体退磁状态。首先通过比较永磁体上特殊位置点,确定了最能反映出永磁体退磁状态随时间变化的参考点,再以此参考点为对象利用有限元法计算了电机启动过程的磁密曲线。研究了初始条件对 DDPMIM 启动过程中永磁体退磁的影响,同时预估出了极端条件下永磁体退磁最先出现在磁极中部。分析了永磁体退磁前后对电机整体性能的影响。提出一种利用时步有限元模拟仿真方法探究鼠笼绕组的屏蔽作用,为研究永磁电机永磁体退磁提供了有价值的参考。

（4）通过对永磁体参考点磁密值随时间变化的有限元分析,得到永磁感应电机失步和超同步、重合闸、断相以及反转等非正常运行工况对永磁体退磁的影响。揭示了断相前后永磁体退磁程度与负载系数之间的关系,以及失步和超同步电机转矩、定子电流和永磁体工作点动态变化特点。研究了重合闸时刻对电机性能的影响。分析了反转状态下初始运行条件和电压交换时刻对电机稳态性能以及永磁体磁密变化的影响。为永磁感应电机运行在非正常工况情况下提供理论分析。

（5）探究了带载系数对电机稳态运行性能和永磁体退磁的影响。分析了电机永磁转子单独带载和鼠笼/永磁转子同时带一定比例负载启动时,电机的稳态性能和启动过程中永磁体退磁状况。将电机永磁转子负载运行与电机鼠笼转子负载运行的模型,作了对比分析。

（6）采用磁-热耦合分析的方法对本书所研究的双鼠笼永磁感应电机在不同工况下的三维全域温度场进行了分析。将电磁分析计算出的电机损耗,作为热分析中的热条件,从而实现了电磁场模型和三维温度场模型之间的单向耦合。详细分析了额定状态下电机温度的变化趋势;以三种负载分配比的电机模型为例,研究电机总载荷为额定负载下电机的温度分布;分析了不同负载转矩下电机各部件的温度分布情况;进一步分析了电机过载运行状态下主要部件的温度分布;并对环境温度对电机温度场的影响加以分析;最后对永磁体退磁对温度场的影响进行研究。通过研究 DDPMIM 在不同情况下的热效应,防止由于过热引起的定子绕组绝缘故障或永磁体退磁故障,为电机的合理使用提供参考。

（7）将本书设计优化的 DDPMIM 和普通异步电机,单鼠笼永磁感应电机及自启动永磁同步电机进行性能对比分析。利用有限元分析方法对四种电机分别进行了仿真分析,通过比较四种电机在不同负载下的运行状况来研究电机的启动能力和稳态运行性能的优劣。

9.2　课题展望

本书对双转子双鼠笼永磁感应电机的电磁设计、启动过程中永磁体退磁问题、双转子带载方式和温度场进行了详细的研究,但由于作者水平和时间所限,还有很多问题需要作进一步解决。

(1)本书在建立电机等效磁路模型时,忽略了电机定、转子铁芯的磁阻,对于某些定、转子齿部磁阻对磁路的影响分析不足;漏磁场用漏磁系数考虑,并根据经验选取漏磁系数。虽然利用有限元的方法对永磁体尺寸的选取进行了大量的实验优化,但磁路模型的理论研究不足,需要进行更为深入的研究。

(2)本书在研究 DDPMIM 启动过程中永磁体退磁问题时,只考虑了电流磁场的作用,而在实际运行过程中,电机内的温升效应也会影响永磁体退磁。因此为贴切真实状况,建立电磁场、温度场以及机械场等多场域耦合计算是后面需要深入开展的工作。

(3)本书建立了电机的磁-热耦合模型,为防止由于过热引起的定子绕组绝缘故障或永磁体退磁故障提供参考。下一步可以进行电磁场、温度场和应力场的多场耦合,计算转子鼠笼热应力分布情况,找到鼠笼易断裂的位置并分析受力的原因,防止该类电机断条故障。

(4)以电机二维电磁场计算得出的损耗为热源,对 DDPMIM 三维全域温度场进行分析,并未考虑定转子铁耗、永磁体涡流损耗以及定子绕组铜耗等受温度的影响,可能会造成有限元计算结果与电机实际温度存在一定误差。为此,需要建立双向耦合模型,并将电机内流体场考虑进去,更能贴近电机内部的真实温度。

(5)DDPMIM 的启动能力、效率、功率因数均与外转子磁桥宽度密切相关,另外,转子的刚性也与磁桥宽度密切相关,磁桥越薄则刚性越差。下一步可对鼠笼转子的机械强度进行研究,结合电磁场分析结果,选取合适的磁桥宽度,得到满足外转子刚性和电机经济运行的综合设计结果。

(6)DDPMIM 由于永磁体的存在,其鼠笼转子的转矩波动比普通感应电机大,比LSPMSM 小,而减小齿槽转矩最有效并且应用最广的方法之一便是采用斜槽,针对双鼠笼永磁感应电机的双转子结构,笔者认为较为合适的方法为鼠笼转子斜槽,但其外侧为定子,内侧为永磁转子,斜槽距离的确定值得分析研究。

参 考 文 献

[1] 唐任远,安忠良,赫荣富. 高效永磁电动机的现状与发展[J]. 电气技术,2008 (9):1-6.

[2] 曹雅丽. 推广高效节能装备电机能效提升计划发布[N]. 中国工业报,2022-01-05(001).

[3] 工业和信息化部,财政部,商务部,等. 工业和信息化部等五部门联合印发《加快电力装备绿色低碳创新发展行动计划》[J]. 中国信息化,2022(9):11-15.

[4] 卢金铎,辛峰,刘亚. 三相异步电机能效标准及其测试技术综述[J]. 内燃机与配件,2018(1):181-182.

[5] 王秀和,杨玉波,朱常青. 异步起动永磁同步电动机:理论、设计与测试[M]. 北京:机械工业出版社,2009.

[6] 房建俊,徐余法,罗玉东,等. 笼型异步电机降耗与分析方法综述[J]. 电机与控制应用,2016,43(7):57-62.

[7] DOUGLAS J F H. Characteristics of induction motors with permanent-magnet excitation[J]. Transactions of the American Institute of Electrical Engineers Part III:Power Apparatus and Systems,1959,78(3):221-225.

[8] SEDIVY J. Induction motor with free-rotating DC excitation[J]. IEEE Transactions on Power Apparatus and Systems,1967,PAS-86(4):463-469.

[9] W F LOW , N SCHOFIELD. Design of a permanent magnet excited induction generator [C]//ICEM,1992,3:1077-1081.

[10] SHIBATA Y,TSUCHIDA N,IMAI K. High torque induction motor with rotating magnets in the rotor[J]. Electrical Engineering in Japan,1996,117(3):102-109.

[11] SHIBATA Y,TSUCHIDA N,IMAI K. Performance of induction motor with free-rotating magnets inside its rotor[J]. IEEE Transactions on Industrial Electronics,1999,46(3):646-652.

[12] FUKAMI T,NAKAGAWA K,HANAOKA R,et al. Nonlinear modeling of a permanent-magnet induction machine[J]. Electrical Engineering in Japan, 2003,144(1):58-67.

[13] 刁统山,王秀和.永磁感应电机直接功率控制[J].电机与控制学报,2013,17 (4):12-18.

[14] 王朔. 双转子异步电动机的研究[D]. 杭州:浙江工业大学,2007.

[15] 冯浩,刘玉军,钟德刚,等. 双转子异步电动机的研究[J]. 中小型电机,2002,29 (1):19-22.

[16] TROSTER E,SPERLING M,HARTKOPF T. Finite element analysis of a permanent magnet induction machine[C]//International Symposium on Power Electronics,Electrical Drives,Automation and Motion,2006. SPEEDAM. Taormina,Italy. IEEE,2006:179-184.

[17] TSUDA T,FUKAMI T,KANAMARU Y,et al. Effects of the built-in permanent magnet rotor on the equivalent circuit parameters of a permanent magnet induction generator[J]. IEEE Transactions on Energy Conversion, 2007,22(3):798-799.

[18] 王朔,冯浩. 双转子异步电动机电磁场的有限元分析[J]. 机电工程技术,2007, 36(10):25-28.

[19] 赵晓,冯浩. 基于 ANSYS 的双转子异步电机结构优化设计[J]. 机械工程师, 2010(4):63-64.

[20] 赵晓. 高效节能异步电机特性分析[D]. 杭州:浙江工业大学,2010.

[21] GAZDAC A M, MARTIS C, BIRO K. The Permanent Magnet Induction Machine—An Overview, Journal of Computer Science and Control Systems [J]. 2011,4(1): 43-46.

[22] GAZDAC A M,MARTIS C S,MABWE A M,et al. Analysis of material influence on the performance of the dual-rotor Permanent Magnet Induction Machine[C]//2012 13th International Conference on Optimization of Electrical and Electronic Equipment (OPTIM). Brasov, Romania. IEEE,2012:

453-459.

[23] GAZDAC A M, MABWE A M, BETIN F, et al. Investigation on the thermal behavior of the dual-rotor Permanent Magnet Induction Machine[C]//IEC-ON 2012-38th Annual Conference on IEEE Industrial Electronics Society. Montreal, QC, Canada. IEEE, 2012:1858-1863.

[24] GAZDAC A M, DI LEONARDO L, MPANDA MABWE A, et al. Electric circuit parameters identification and control strategy of dual-rotor Permanent Magnet Induction Machine[C]//2013 International Electric Machines & Drives Conference. Chicago, IL, USA. IEEE, 2013:1102-1107.

[25] 刁统山. 新型永磁双馈发电机及其控制策略研究[D]. 济南:山东大学, 2013.

[26] CHENG M, SUN X K, YU F, et al. Design and analysis of permanent magnet induction generator for grid-connected direct-driven wind power application [C]//2015 Tenth International Conference on Ecological Vehicles and Renewable Energies (EVER). Monte Carlo, Monaco. IEEE, 2015:1-8.

[27] KUMAR P, ROUTRAY A, SRIVASTAVA R K. Magnetic field analysis and comparison of dual-rotor Hybrid Permanent Magnet Induction Machine topologies using FEM[C]//2016 IEEE International Conference on Power Electronics, Drives and Energy Systems (PEDES). Trivandrum, India. IEEE, 2016:1-6.

[28] 上官璇峰, 蒋思远. 永磁体助磁的双转子双鼠笼异步电机研究[J]. 机电工程, 2017, 34(7):757-762.

[29] 上官漩峰, 蒋思远, 李正修. 永磁感应电动机与自启动永磁电动机对比研究 [J]. 微特电机, 2017, 45(10): 4-8.

[30] 上官璇峰, 蒋思远, 周敬乐. 双鼠笼永磁感应电机设计算法及多目标优化[J]. 煤炭学报, 2017, 42(S2):611-618.

[31] ZHOU P, XU Y, ZHANG W. Design Consideration on a Low-Cost Permanent Magnetization Remanufacturing Method for Low-Efficiency Induction Motors. Energies, 2023. 16(17).

[32] DERAKHSHANI M M, ARDEBILI M, CHERAGHI M, et al. Investigation of structure and performance of a permanent magnet vernier induction generator for use in double-turbine wind systems in urban areas[J]. IET Renew-

able Power Generation, 2020, 14(19):4169-4178.

[33] YANG J T, LI Q, FENG Y J, et al. Simulation and experimental analysis of a mechanical flux modulated permanent magnet homopolar inductor machine [J]. IEEE Transactions on Transportation Electrification, 2022, 8 (2): 2629-2639.

[34] GUNDOGDU T, ZHU Z Q, CHAN C C. Comparative study of permanent magnet, conventional, and advanced induction machines for traction applications[J]. World Electric Vehicle Journal, 2022, 13(8):137.

[35] URRESTY J C, ATASHKHOOEI R, RIBA J R, et al. Shaft trajectory analysis in a partially demagnetized permanent-magnet synchronous motor[J]. IEEE Transactions on Industrial Electronics, 2013, 60(8):3454-3461.

[36] TORREGROSSA D, KHOOBROO A, FAHIMI B. Prediction of acoustic noise and torque pulsation in PM synchronous machines with static eccentricity and partial demagnetization using field reconstruction method[J]. IEEE Transactions on Industrial Electronics, 2012, 59(2):934-944.

[37] RUOHO S, KOLEHMAINEN J, IKAHEIMO J, et al. Interdependence of demagnetization, loading, and temperature rise in a permanent-magnet synchronous motor[J]. IEEE Transactions on Magnetics, 2010, 46(3):949-953.

[38] ZHOU P, LIN D, XIAO Y, et al. Temperature-dependent demagnetization model of permanent magnets for finite element analysis[J]. IEEE Transactions on Magnetics, 2012, 48(2):1031-1034.

[39] ZHANG Y, MCLOONE S, CAO W P, et al. Power loss and thermal analysis of a MW high-speed permanent magnet synchronous machine[J]. IEEE Transactions on Energy Conversion, 2017, 32(4):1468-1478.

[40] BARANSKI M, SZELAG W, JEDRYCZKA C. Influence of temperature on partial demagnetization of the permanent magnets during starting process of line start permanent magnet synchronous motor[C]//2017 International Symposium on Electrical Machines (SME). Naleczow, Poland. IEEE, 2017: 1-6.

[41] 张炳义, 王三尧, 冯桂宏. 钕铁硼永磁电机永磁体涡流发热退磁研究[J]. 沈阳工业大学学报, 2013, 35(02):126-132.

[42] 陈萍,唐任远,韩雪岩,等. 抑制永磁体局部温升最高点的不均匀轴向分段技术[J]. 电机与控制学报,2016,20(7):1-7.

[43] 卢伟甫,刘明基,罗应立,等. 自启动永磁同步电机启动过程退磁磁场的计算与分析[J]. 中国电机工程学报,2011,31(15):53-60.

[44] LU W F,LIU M J,LUO Y L,et al. Influencing factors on the demagnetization of line-start permanent magnet synchronous motor during its starting process[C]//2011 International Conference on Electrical Machines and Systems. Beijing,China. IEEE,2011:1-4.

[45] 卢伟甫,罗应立,赵海森. 自启动永磁同步电机启动过程电枢反应退磁分析[J]. 电机与控制学报,2012,16(07):29-33.

[46] TANG X,WANG X H. Calculation of magnets' average operating point during the starting process of line-start permanent magnet synchronous motor[C]//2014 17th International Conference on Electrical Machines and Systems (ICEMS). Hangzhou,China. IEEE,2014:2147-2150.

[47] 唐旭,王秀和,李莹,等. 异步启动永磁同步电动机启动过程中永磁体退磁研究[J]. 中国电机工程学报,2015,35(04):961-970.

[48] HOSOI T,WATANABE H,SHIMA K,et al. Demagnetization analysis of additional permanent magnets in salient-pole synchronous machines under sudden short circuits[C]//The XIX International Conference on Electrical Machines-ICEM. Rome,Italy. IEEE,2010:1-6.

[49] HOSOI T,WATANABE H,SHIMA K,et al. Demagnetization analysis of additional permanent magnets in salient-pole synchronous machines with damper bars under sudden short circuits[J]. IEEE Transactions on Industrial Electronics,2012,59(6):2448-2456.

[50] 卢伟甫,赵海森,罗应立. 自启动永磁同步电动机非正常运行工况下退磁磁场分析[J]. 电机与控制学报,2013,17(07):7-14.

[51] LU W F,ZHAO H S,LIU S. Demagnetization conditions comparison for line-start permanent magnet synchronous motors[C]//2014 17th International Conference on Electrical Machines and Systems (ICEMS). Hangzhou,China. IEEE,2014:48-52.

[52] TANG X,WANG X H. Research of the demagnetization mechanism of line-

start permanent magnet synchronous motor under operating condition of sudden reversal[C]//2014 17th International Conference on Electrical Machines and Systems (ICEMS). Hangzhou,China. IEEE,2014:1981-1984.

[53] 唐旭,王秀和,李莹.三相不对称供电异步启动永磁同步电动机的退磁研究[J].中国电机工程学报,2015,35(23):6172-6178.

[54] TANG X,WANG X H,LI G Q,et al. Demagnetization study of line-start permanent magnet synchronous motor under out-of-step and supersynchronous faults[C]//2016 IEEE 11th Conference on Industrial Electronics and Applications (ICIEA). Hefei,China. IEEE,2016:1496-1501.

[55] 师蔚,贡俊,黄苏融.永磁电动机永磁体防退磁技术研究综述[J].微特电机,2012,40(4):71-74.

[56] 卢伟甫,赵海森,朴润浩,等.异步启动永磁电机最大去磁工作点计算新方法及抗退磁新结构[J].电力自动化设备,2016,36(07):90-96.

[57] GUO L Y,XIA C L,WANG Z Q,et al. Improving rotor geometry to strengthen anti-demagnetization ability of PM[J]. International Journal of Applied Electromagnetics and Mechanics,2018,56(2):263-274.

[58] XING J Q,WANG F X,WANG T Y,et al. Study on anti-demagnetization of magnet for high speed permanent magnet machine[J]. IEEE Transactions on Applied Superconductivity,2010,20(3):856-860.

[59] KIM K C,KIM K,KIM H J,et al. Demagnetization analysis of permanent magnets according to rotor types of interior permanent magnet synchronous motor[J]. IEEE Transactions on Magnetics,2009,45(6):2799-2802.

[60] SHEN J X,LI P,JIN M J,et al. Investigation and countermeasures for demagnetization in line start permanent magnet synchronous motors[J]. IEEE Transactions on Magnetics,2013,49(7):4068-4071.

[61] DOBZHANSKYI O,GREBENIKOV V,GOUWS R,et al. Comparative thermal and demagnetization analysis of the PM machines with neodymium and ferrite magnets[J]. Energies,2022,15(12):4484.

[62] 邱腾飞,温旭辉,赵峰,等.永磁同步电机永磁磁链自适应观测器设计方法[J].中国电机工程学报,2015,35(9):2287-2294.

[63] FERNANDEZ D,HYUN D,PARK Y,et al. Permanent magnet temperature

estimation in PM synchronous motors using low-cost Hall effect sensors[J]. IEEE Transactions on Industry Applications,2017,53(5):4515-4525.

[64] 李和明,李俊卿.电机中温度计算方法及其应用综述[J].华北电力大学学报,2005(01):1-5.

[65] KRAL C,HABETLER T G,HARLEY R G,et al. Rotor temperature estimation of squirrel cage induction motors by means of a combined scheme of parameter estimation and a thermal equivalent model[C]//IEEE International Electric Machines and Drives Conference,2003. IEMDC'03. Madison,WI,USA. IEEE,2003:931-937.

[66] 于占洋,韩雪岩,何心永.基于瞬态热网络法的细长型永磁电机优化设计研究[J].大电机技术,2018(1):23-27.

[67] KRAIKITRAT K,RUANGSINCHAIWANICH S. Thermal effect of unbalanced voltage conditions in induction motor by FEM[C]//2011 International Conference on Electrical Machines and Systems. Beijing,China. IEEE,2011:1-4.

[68] 李伟力,陈婷婷,曲凤波,等.高压永磁同步电动机实心转子三维温度场分析[J].中国电机工程学报,2011,31(18):55-60.

[69] 司纪凯,张露锋,封海潮,等.一种表面-内置式永磁转子同步电机三维全域温度场分析[J].电机与控制学报,2017,21(3):25-31.

[70] 王晓远,周晨.基于PCB绕组的盘式永磁同步电机温度场分析与冷却方式研究[J].中国电机工程学报,2016,36(11):3062-3069.

[71] 付兴贺,林明耀,徐妲,等.永磁-感应子式混合励磁发电机三维暂态温度场的计算与分析[J].电工技术学报,2013,28(3):107-113.

[72] 邰永,刘赵淼.感应电机全域三维瞬态温度场分析[J].中国电机工程学报,2010,30(30):114-120.

[73] LIU W W,XING W,GUO H. Thermal model identification of a claw pole generator by a method combining FEM with experiment[C]//2013 International Conference on Electrical Machines and Systems (ICEMS). Busan,Korea (South). IEEE,2013:738-742.

[74] 谢颖,王泽,单雪婷,等.基于多场量的笼型感应电机三维瞬态磁热固耦合计算分析[J].中国电机工程学报,2016,36(11):3076-3084.

[75] 谢颖,李洋洋,单雪婷.笼型感应电机流体流动对温度场分布的影响[J].电机与控制学报,2017,21(2):55-62.

[76] 上官璇峰,蒋思远,周敬乐,等.双转子双鼠笼永磁感应电机三维全域温度场分析[J].电机与控制学报,2018,22(11):58-66.

[77] 卓忠疆.机电能量转换[M].北京:水利电力出版社.1987.

[78] 黄坚,郭中醒.实用电机设计计算手册[M].2版.上海:上海科学技术出版社,2014.

[79] 张志红,何桢,郭伟.在响应曲面方法中三类中心复合设计的比较研究[J].沈阳航空工业学院学报,2007,24(1):87-91.

[80] GARCIA M J,ENRIQUEZ R,RAMOS J A. Effective equalization of a high speed differential channel with re-driver-screening and RSM DOE method applied to a real system[C]//2015 IEEE Symposium on Electromagnetic Compatibility and Signal Integrity. Santa Clara,CA,USA. IEEE,2015:117-122.

[81] 方俊涛.响应曲面方法中试验设计与模型估计的比较研究[D].天津:天津大学,2011.

[82] 杨莉,戴文进.电机设计理论与实践[M].北京:清华大学出版社,2013.

[83] 唐任远.现代永磁电机理论与设计[M].北京:机械工业出版社,2015.12.

[84] 唐旭.异步起动永磁同步电动机若干难点问题的研究[D].济南:山东大学,2016.

[85] AMRHEIN M,KREIN P T. Magnetic equivalent circuit simulations of electrical machines for design purposes[C]//2007 IEEE Electric Ship Technologies Symposium. Arlington,VA,USA. IEEE,2007:254-260.

[86] 阎秀恪,王振芹,于向东,等.基于场路耦合模型的超高压自耦变压器电磁场研究[J].电工电能新技术,2015,34(11):43-47.

[87] Z JIAN,Z HAISEN,D NA. Loss analysis of line start permanent magnet synchronous motor with Time-Stepping Finite Element Method[C]//2010 International Conference on Electrical Machines and Systems,Incheon,2010:1040-1043.

[88] FAIZ J,GHANEEI M,KEYHANI A. Performance analysis of fast reclosing transients in induction motors[J]. IEEE Transactions on Energy Conversion,1999,14(1):101-107.

[89] LUO YINGLI，LI ZHIQIANG，LIU MINGJi. Analysis on fast reclosing of line start permanent magnet motor with time-stepping finite element method ［C］//2008 International Conference on Electrical Machines and Systems，Wuhan，2008：3257-3261.

[90] 杜江,刘子胥,李晓霞. 三相感应电动机断相运行分析[J].河北工业大学学报，2003,32(2):36-39.

[91] J H J POTGIETER，A N LOMBARD，R J WANG. Evaluation of perma-nent-magnet excited induction generator for renewable energy applications Proc[C]//18th Southern African Univ. Power Eng. Conf. ，Stellenbosch，South Africa，2009：299-304.

[92] POTGIETER J H J，KAMPER M J. Design of new concept permanent mag-net induction wind generator[C]//2010 IEEE Energy Conversion Congress and Exposition. Atlanta，GA，USA. IEEE,2010：2403-2408.

[93] NI R G，DING L，GUI X G，et al. Remanufacturing of low-efficiency induction machines with interior permanent-magnet rotors for energy efficiency im-provement[C]//2014 17th International Conference on Electrical Machines and Systems (ICEMS). Hangzhou,China. IEEE,2014：3161-3165.

[94] 黄国治,傅丰礼. 中小旋转电机设计手册第二版[M]. 北京:中国电力出版社,2014. .

[95] STATON D A,CAVAGNINO A. Convection heat transfer and flow calcula-tions suitable for analytical modelling of electric machines[C]//IECON 2006-32nd Annual Conference on IEEE Industrial Electronics. Paris,France. IEEE，2006：4841-4846.

[96] 贾珍珍. 电动汽车用轮毂电机温度场的分析与计算［D］. 天津：天津大学,2012.

[97] 李伟力,李守法,谢颖,感应电动机定转子全域温度场数值计算及相关因素敏感性分析[J].中国电机工程学报,2007,27(24):85-91.

[98] 陈超.自起动永磁同步电动机磁极形状的优化及其特性研究[D].北京:华北电力大学,2011.